D

Le equazioni e le disequazioni di primo grado

DIREZIONE EDITORIALE:
DAVIDE CASTELLANO

RG&C S.R.L. SOLUZIONI PER L'EDITORIA
CHE HA CURATO PER L'EDITORE PROGETTO GRAFICO E IMPAGINAZIONE, REALIZZAZIONE EDITORIALE, REDAZIONE DISEGNI E ILLUSTRAZIONI, PROGETTO GRAFICO E REALIZZAZIONE DELLA COPERTINA.

REALIZZAZIONE LASTRE CTP:
FOTOINCISA EFFEGI - SAVIGLIANO (CN)

STAMPA:
EDIZIONI IL CAPITELLO - TORINO

L'opera è il risultato del lavoro comune di Ezia Nicoletti, Nicola Papa, Lia Risposi, Gabriella Somaschi.

Gli Autori ringraziano vivamente la Prof.ssa **Antonella De Venere** per il prezioso contributo dato nella stesura delle schede di autovalutazione per l'alunno.

1ª edizione: febbraio 2008

Ristampa:
5 4
2012 2011 2010

© EDIZIONI **il capitello**
Via Sansovino, 243/22/R
10151 Torino
tel. 0114513611 - fax 0114513612

www.capitello.it
e-mail: info@capitello.it

PQC È UN PRODOTTO DI QUALITÀ CERTIFICATA

Il presente testo è stato redatto secondo le norme e avvertenze tecniche adottate dal M.P.I. con D.M. n. 547/99 del 7/12/1999. I controlli di qualità ai quali è stata sottoposta questa prima edizione sono stati effettuati da: S.T.A.N.I.M.U.C. - Torino (certificato n. 208L033)

Per realizzare un libro non bastano competenza, passione e creatività: occorre un lungo e paziente lavoro fatto di numerosi controlli sui testi, sulle illustrazioni e sulla relazione che lega gli uni alle altre. Per questo motivo è spesso impossibile pubblicare un libro del tutto privo di errori.
Chiediamo pertanto a insegnanti e allievi di segnalarceli: questo ci aiuterà a migliorare la nostra produzione, nell'interesse dei giovani utenti.
Questo progetto didattico segue le indicazioni del Progetto Polite per la formazione di una cultura delle pari opportunità e del rispetto delle differenze.

Ezia Nicoletti
Nicola Papa
Lia Risposi
Gabriella Somaschi

matematica*per*temi

Le equazioni e le disequazioni di primo grado

GRUPPO EDITORIALE
il capitello

PIANO DELL'OPERA

Presentazione

Il volume è suddiviso in Unità.
I concetti vengono esposti con un **linguaggio chiaro**, scientificamente corretto e soprattutto adeguato all'età degli studenti a cui il testo si rivolge; le spiegazioni sono guidate e completate da **schemi** ed **esempi** che aiutano i ragazzi nella comprensione di proprietà e procedimenti.

La parte teorica è integrata da:
- momenti di **Autoverifica,** con domande ed esercizi applicativi che permettono allo studente di accertare, passo dopo passo, cosa sa e cosa sa fare;
- **Schede di lavoro,** che seguono la trattazione di un segmento dell'Unità, di cui vengono fornite le soluzioni in fondo al volume per l'**autocorrezione** da parte dello studente;
- **attività di revisione dell'itinerario di apprendimento,** dal titolo "Bussola per l'apprendimento", che consentono all'alunno di tracciare il **proprio percorso formativo**.

La parte teorica si completa con una **Sintesi** dei concetti fondamentali dell'Unità, illustrati anche con esempi.

Gli **Esercizi**, particolarmente numerosi e di diverse tipologie, sono **graduati su tre livelli di difficoltà**:
* esercizio facile; ** esercizio di media difficoltà; *** esercizio impegnativo.

Frequenti sono gli **Esercizi guidati** e gli **Esercizi svolti** che orientano lo studente nell'acquisizione dei concetti e nell'applicazione dei procedimenti.

In relazione alla personalizzazione dei percorsi formativi sono presenti, inoltre:

- in ogni Unità:
  - un **Percorso di recupero,** rivolto agli alunni che non hanno raggiunto il livello di sufficienza nella verifica, in cui vengono proposti frequenti **richiami ai concetti fondamentali** ed **esercizi guidati**, per permettere agli studenti di superare le difficoltà incontrate e consentire loro di raggiungere gli obiettivi minimi; ogni percorso è opportunamente completato dalle soluzioni per favorire il lavoro di **autocorrezione** da parte dello studente;
  - Schede di **Informatica**, con attività che prevedono l'utilizzo del programma Excel;
- al termine delle Unità:
  - Schede di **Approfondimento,** anche con **collegamenti interdisciplinari,** utili per ampliare le conoscenze e potenziare le abilità.

Particolarmente curata è la veste grafica, la cui chiarezza è funzionale all'efficacia dell'impostazione didattica del volume.

Simboli matematici

simbolo	significato
$=$	uguale
$\equiv$	coincidenti
$\neq$	diverso
$\simeq$	uguale circa
$<$	minore
$>$	maggiore
$\leqslant$	minore o uguale
$\geqslant$	maggiore o uguale
$\pm$	più o meno
$\lvert a \rvert$	valore assoluto (o modulo) di a
$A = \{...\}$	rappresentazione dell'insieme A
$\in$	appartiene
$\notin$	non appartiene
$/$	tale che
$\varnothing$	insieme vuoto
$\subseteq$	incluso
$\subset$	incluso propriamente
$\not\subset$	non incluso
$\mathcal{P}(A)$	insieme delle parti di A
$\cap$	intersezione di due insiemi
$\cup$	unione di due insiemi
$\overline{A}$	complementare di A rispetto al suo universo $\mathcal{U}$
$C_A B$	complemento dell'insieme B rispetto all'insieme A
$-$	differenza di due insiemi
$(a; b)$	coppia ordinata
x	prodotto cartesiano di due insiemi
$\mathbb{N}$	insieme dei numeri naturali (*)
$\mathbb{Z}$	insieme dei numeri interi
$\mathbb{Q}$	insieme dei numeri razionali
$\mathbb{I}$	insieme dei numeri irrazionali
$\mathbb{R}$	insieme dei numeri reali
$\mathbb{Z}^+$;	insieme dei numeri interi positivi
$\mathbb{Z}^-$	insieme dei numeri interi negativi
$\mathbb{Q}^+$;	insieme dei numeri razionali positivi
$\mathbb{Q}^-$	insieme dei numeri razionali negativi
$\mathbb{R}^+$;	insieme dei numeri reali positivi

simbolo	significato
$\mathbb{R}^-$	insieme dei numeri reali negativi
$[a; b]$	intervallo chiuso (compresi gli estremi a e b)
$]a; b[$	intervallo aperto (esclusi gli estremi a e b)
$]a; b]$	intervallo chiuso a destra, aperto a sinistra
$[a; b[$	intervallo chiuso a sinistra, aperto a destra
∞	infinito
$]-\infty; b]$	intervallo illimitato a sinistra, chiuso a destra
$]a; +\infty[$	intervallo aperto a sinistra, illimitato a destra
$\mathcal{R}$	relazione
$\cong$	relazione di congruenza
$\not\mathcal{R}$	non in relazione
$\sim; \equiv$	relazione di equipollenza
$//$	rette parallele
$\perp$	rette perpendicolari
V	vero
F	falso
$v(p)$	valore di verità della proposizione p
$\bar{p}$	non p (negazione di p)
$\wedge$	e (congiunzione di due proposizioni)
$\vee$	o (disgiunzione inclusiva di due proposizioni)
$\dot{\vee}$	o (disgiunzione esclusiva)
$\longrightarrow$	se ... allora (implicazione materiale)
$\longleftrightarrow$	se e solo se (coimplicazione materiale)
$\forall$	per ogni, qualunque sia
$\exists$	esiste almeno un
$\exists!$	esiste un unico...
$f: A \longrightarrow B$	funzione di A verso B
$y = f(x)$	y è uguale a f di x
$f: x \longrightarrow f(x)$	f associa x a $f(x)$
$\circ$	composizione di funzioni
$P(x)$	polinomio funzione della variabile x
σ_O	simmetria di centro O
σ_r	simmetria di asse r
$\varrho_{O,\alpha}$	rotazione di centro O e ampiezza α
τ	traslazione

(*) Gli insiemi $\mathbb{N}_0$, $\mathbb{Z}_0$, $\mathbb{Q}_0$, $\mathbb{R}_0$ ..., $\mathbb{R}_0^+$, $\mathbb{R}_0^-$ non comprendono lo zero.

Le equazioni razionali numeriche intere, frazionarie e letterali

UNITÀ 11

Tema D

PREREQUISITI

- Conoscere e saper applicare le regole del calcolo algebrico.

COMPETENZE

- Conoscere il concetto di equazione.
- Conoscere la classificazione delle equazioni.
- Conoscere i principi di equivalenza.
- Saper classificare un'equazione.
- Saper applicare i principi di equivalenza.
- Saper risolvere un'equazione numerica intera.
- Saper risolvere particolari equazioni di grado superiore al primo.
- Saper costruire un modello algebrico di un problema.
- Saper riconoscere un'equazione razionale frazionaria.
- Saper risolvere un'equazione razionale frazionaria.
- Saper riconoscere un'equazione letterale.
- Saper discutere un'equazione letterale.

1 Le equazioni

Per introdurre questo argomento in modo intuitivo, consideriamo l'uguaglianza tra due espressioni algebriche in una sola variabile x come nei seguenti esempi.

ESEMPI

1. Consideriamo l'uguaglianza: $3x - 4 = 2x - 3 + x - 1$

l'espressione posta a sinistra del segno di uguaglianza si dice **primo membro** e quella posta a destra si dice **secondo membro.**

Per semplicità indicheremo l'espressione del primo membro con $P(x)$ e l'espressione del secondo membro con $Q(x)$, quindi:

$$P(x) = 3x - 4 \text{ e } Q(x) = 2x - 3 + x - 1.$$

È semplice verificare che l'uguaglianza tra le due espressioni è verificata qualsiasi sia il valore numerico attribuito alla variabile x. Per far ciò basta sostituire un valore numerico alle espressioni come riportato nel seguente schema:

Valore della variabile	Calcolo di $P(x) = 3x - 4$	Calcolo di $Q(x) = 2x - 3 + x - 1$	Risultato di $P(x)$	Risultato di $Q(x)$	$P(x)$ è uguale a $Q(x)$?
$x = 1$	$3 \cdot 1 - 4$	$2 \cdot 1 - 3 + 1 - 1$	-1	-1	sì
$x = 0$	$3 \cdot 0 - 4$	$2 \cdot 0 - 3 + 0 - 1$	-4	-4	sì
$x = -2$	$3 \cdot (-2) - 4$	$2 \cdot (-2) - 3 + (-2) - 1$	-10	-10	sì

Prova a sostituire altri valori a piacere alla variabile x e confronta i risultati. Dal confronto dei risultati di $P(x)$ e $Q(x)$ riportati in tabella è evidente l'uguaglianza tra le due espressioni, qualsiasi sia il valore numerico attribuito alla variabile x.

2. Consideriamo ora la seguente uguaglianza:

$x^2 = 2x$.

Come nell'esempio precedente chiamiamo $P(x)$ l'espressione al primo membro e $Q(x)$ quella al secondo membro e sostituiamo valori numerici alla variabile x confrontando quindi i risultati ottenuti.

Valore della variabile	Calcolo di $P(x) = x^2$	Calcolo di $Q(x) = 2x$	Risultato di $P(x)$	Risultato di $Q(x)$	$P(x)$ è uguale a $Q(x)$?
$x = 1$	1^2	$2 \cdot 1$	1	2	no
$x = 0$	0^2	$2 \cdot 0$	0	0	sì
$x = -2$	$(-2)^2$	$2 \cdot (-2)$	4	-4	no
$x = 2$	2^2	$2 \cdot 2$	4	4	sì

Prova a sostituire altri valori a piacere alla variabile x e confronta i risultati. Dal confronto dei risultati di $P(x)$ e $Q(x)$ riportati nelle tabelle si evidenzia che solamente i valori 0 e 2 attribuiti alla x rendono vera l'uguaglianza.

Dagli esempi precedenti si deduce che esistono due tipi di uguaglianze tra due espressioni algebriche, uno verificato per qualunque valore della variabile x e l'altro verificato solo per un numero determinato di valori della variabile x.

Possiamo quindi dire che:

un'uguaglianza tra due espressioni algebriche in una o più variabili si dice **equazione.**

Se l'uguaglianza è verificata qualsiasi siano i valori attribuiti alle variabili in essa contenute è detta **identità**. L'identità, quindi, è una particolare equazione, come vedremo nel paragrafo successivo. Pertanto si può dire che:

- l'uguaglianza dell'esempio 1 è un'identità;
- l'uguaglianza dell'esempio 2 è un'equazione.

2 Soluzioni di un'equazione

In questa Unità consideriamo equazioni in una variabile, detta **incognita**.
I valori che attribuiti all'incognita rendono vera un'uguaglianza si dicono **soluzioni** (o **radici**, o **zeri**) dell'equazione.
Risolvere un'equazione significa determinare l'insieme S dei valori che, attribuiti all'incognita, rendono vera l'uguaglianza. Si possono verificare tre casi:

I caso:	se l'uguaglianza è verificata per un numero finito di valori, l'equazione si dice **determinata**; in questo caso l'insieme $\boldsymbol{S}$ delle soluzioni è un **insieme finito**.
II caso:	se l'uguaglianza è verificata qualsiasi sia il valore attribuito all'incognita, l'equazione è **indeterminata** e si dice identità; in questo caso l'insieme $\boldsymbol{S}$ delle soluzioni è un **insieme infinito**.
III caso:	se l'uguaglianza non è mai verificata, cioè non esiste alcun valore che la rende vera, l'equazione si dice **impossibile**; in questo caso l'insieme $\boldsymbol{S}$ delle soluzioni è un **insieme vuoto**.

3 Classificazione delle equazioni

Le equazioni si suddividono in due grandi famiglie: **equazioni razionali** ed **equazioni irrazionali**.

Si dicono **razionali** le equazioni in cui all'incognita si applicano solo le operazioni razionali (addizione, sottrazione, moltiplicazione, divisione, elevamento a potenza con esponente intero).

Si dicono **irrazionali** le equazioni in cui all'incognita si applicano tutte le operazioni razionali e l'estrazione di radice.

Consideriamo ad esempio le seguenti equazioni:

$$\frac{5}{8}x^3 - \frac{2}{3}x^2 + 5 = 0 \qquad \text{è un'equazione razionale;}$$

$$\sqrt{7}\,x - 2 = \frac{1}{2}(x^2 + 4) + \frac{\sqrt{3}}{x^4 - 1} \qquad \text{è un'equazione razionale;}$$

$$\sqrt[3]{2x + 1} = x \qquad \text{è un'equazione irrazionale;}$$

$$8x^4 - 5x^3 + \sqrt{3}\,x^2 + 2\sqrt{x} = 8 \qquad \text{è un'equazione irrazionale.}$$

Le equazioni razionali e irrazionali si suddividono a loro volta in due categorie: **intere** e **frazionarie** o **fratte**.

> Si dicono **intere** le equazioni in cui l'incognita si trova solamente al numeratore delle frazioni presenti nell'equazione.

> Si dicono **frazionarie** o **fratte** le equazioni in cui l'incognita si trova almeno in un denominatore delle frazioni presenti nell'equazione.

La classificazione appena esposta viene riassunta nel seguente schema.

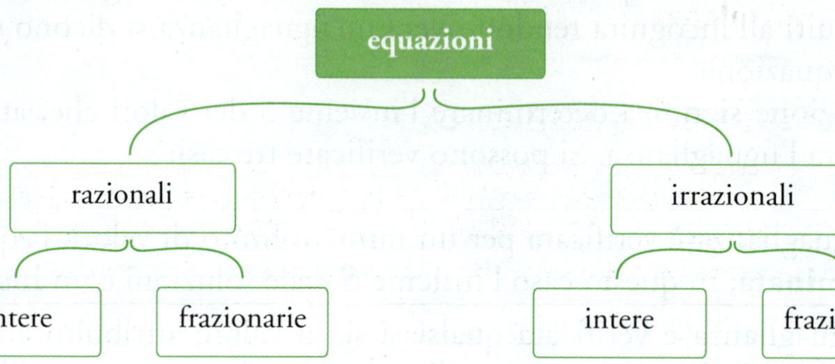

Ad esempio:

$\frac{3}{2}x^2 + 5x + 4 = 0$ è un'equazione razionale intera;

$5x = \frac{1}{x-1}$ è un'equazione razionale frazionaria;

$x - \sqrt{x+2} = 0$ è un'equazione irrazionale intera;

$\sqrt{\frac{x+1}{3x-2}} = 7x - 1$ è un'equazione irrazionale frazionaria.

Le equazioni intere e frazionarie sono dette **numeriche** se l'unica lettera presente è l'incognita.

4 I principi di equivalenza

Consideriamo le seguenti equazioni:

1) $3x = 3$; 2) $5x - 1 = 4$.

Si può verificare che entrambe le equazioni hanno la stessa soluzione $x = 1$ cioè, indicando con S_1 e S_2 gli insiemi delle soluzioni, si ha $S_1 = \{1\}$ e $S_2 = \{1\}$; quindi gli insiemi delle soluzioni sono uguali ($S_1 = S_2$).

Consideriamo, ora, le due equazioni:

3) $4x^2 = 16$; 4) $x(x-2) = 0$.

La prima equazione ha come insieme soluzione $S_3 = \{2; -2\}$, la seconda ha come insieme soluzione $S_4 = \{0; 2\}$, quindi, pur avendo una soluzione in comune gli insiemi delle soluzioni sono diversi ($S_3 \neq S_4$).

> Due equazioni si dicono **equivalenti** se hanno lo stesso insieme soluzione.

In base a questa definizione le equazioni 1 e 2 sono equivalenti mentre le equazioni 3 e 4 non sono equivalenti.
L'equivalenza tra equazioni permette di trovare il metodo per determinare le soluzioni di una equazione data. Per determinare le soluzioni di una equazione la si trasforma in una equazione equivalente ma di forma più semplice, che a sua volta viene trasformata in un'altra equazione ad essa equivalente ma di forma ancora più semplice e così via finché si arriva alla soluzione. Come si fa a determinare tale metodo risolutivo?
Consideriamo un'equazione in un'incognita cioè un'uguaglianza della forma $P(x) = Q(x)$, dove $P(x)$ e $Q(x)$ sono espressioni algebriche: per trasformarla in una nuova equazione ad essa equivalente ma di forma più semplice è necessario applicare due importanti principi detti **principi di equivalenza**.

a) Primo principio di equivalenza

Se a entrambi i membri di una equazione si addiziona (o si sottrae) uno stesso numero o una stessa espressione algebrica, che non deve restringere le condizioni di esistenza dell'equazione, si ottiene una nuova equazione equivalente a quella data.

ESEMPIO

Prendiamo in considerazione la seguente equazione:

$$5x - 8 = 4x + 1 \qquad (1)$$

$$P(x) = 5x - 8 \quad \text{e} \quad Q(x) = 4x + 1$$

trasformiamo questa equazione in una ad essa equivalente; per far ciò applichiamo il primo principio di equivalenza addizionando ad ambo i membri dell'equazione una stessa espressione algebrica $A(x) = -4x + 8$; otteniamo:

$$P(x) + A(x) = Q(x) + A(x)$$

$$5x - 8 - 4x + 8 = 4x + 1 - 4x + 8 \qquad (2)$$

Riducendo i termini simili l'equazione si trasforma nell'equazione:

$$x = 9$$

Le equazioni (1) e (2) sono equivalenti perché hanno entrambe come soluzioni l'insieme $S = \{9\}$, come puoi verificare sostituendo nelle due equazioni la soluzione $x = 9$.

Analizzando la trasformazione precedentemente svolta si può dedurre una regola pratica, detta regola del trasporto, conseguenza del primo principio di equivalenza.

Regola del trasporto

In una equazione è possibile il trasporto di un termine da un membro all'altro purché lo si cambi di segno; l'equazione così ottenuta è equivalente a quella data.

ESEMPI

1. Consideriamo l'equazione:

$$3x + 3 = 2x + 15$$

Applichiamo la regola del trasporto: spostiamo i termini senza l'incognita a destra del segno di uguaglianza e quelli con l'incognita a sinistra $3x - 2x = -3 + 15$; riducendo i termini simili otteniamo $x = 12$ che è equivalente all'equazione data.

2. Data l'equazione:

$$4(x+1)-2=3x+4$$

Svolgiamo i calcoli e otteniamo:

$$4x+4-2=3x+4$$

Applichiamo la regola del trasporto come nell'esempio precedente e otteniamo:

$$4x-3x=-\cancel{4}+2+\cancel{4}$$

da cui semplificando i termini opposti e riducendo i termini simili abbiamo:

$$x=2$$

Da questo esempio possiamo dedurre la seguente regola pratica, che è un'altra conseguenza del primo principio di equivalenza.

Eliminazione di termini uguali

Se in entrambi i membri di una equazione sono presenti termini uguali, tali termini si possono eliminare; l'equazione così ottenuta è equivalente a quella data.

Consideriamo ora il seguente esempio.

ESEMPIO

Data l'equazione:

$$2x-4=0 \tag{3}$$

addizioniamo a entrambi i membri l'espressione algebrica: $\dfrac{1}{x-2}$; otteniamo:

$$2x-4+\frac{1}{x-2}=\frac{1}{x-2} \tag{4}$$

Le equazioni (3) e (4) non sono equivalenti.
Il valore $x=2$ soddisfa l'equazione (3), infatti sostituendo tale valore nell'equazione otteniamo: $2\cdot 2-4=0$ cioè $0=0$; ma non è una soluzione dell'equazione (4) perché fa perdere significato alla frazione algebrica $\dfrac{1}{x-2}$.

Da questo esempio sembrerebbe che il primo principio di equivalenza non sia universalmente vero. In effetti rileggendo attentamente il primo principio di equivalenza notiamo che l'espressione algebrica da addizionare a entrambi i membri dell'equazione non deve restringere le condizioni di esistenza dell'equazione stessa, ovvero quest'ultima non deve perdere significato per qualsiasi valore si attribuisca all'incognita in essa presente.

b) Secondo principio di equivalenza

Se entrambi i membri di una equazione si moltiplicano (o si dividono) per uno stesso numero diverso da zero o per una stessa espressione algebrica, che non si annulli per ogni valore attribuito all'incognita, si ottiene una nuova equazione equivalente a quella data.

ESEMPI

1. Data l'equazione: $4x = 1$

la trasformiamo in una equazione equivalente più semplice applicando il secondo principio di equivalenza. Per far ciò dividiamo entrambi i membri dell'equazione per il coefficiente dell'incognita x.

$$\frac{4x}{4} = \frac{1}{4} \Rightarrow x = \frac{1}{4}$$

2. Data l'equazione: $5x = 10$

vogliamo verificare perché non è possibile moltiplicarne entrambi i membri per zero. Se moltiplichiamo entrambi i membri per 0 otteniamo:
$0 \cdot 5x = 0 \cdot 10 \Rightarrow 0 = 0 \Rightarrow$ l'equazione è indeterminata perché è verificata per qualsiasi valore attribuito all'incognita.
Invece, se dividiamo entrambi i membri dell'equazione $5x = 10$ per il coefficiente dell'incognita otteniamo:

$$\frac{\cancel{5}x}{\cancel{5}} = \frac{\overset{2}{\cancel{10}}}{\cancel{5}} \Rightarrow x = 2 \Rightarrow \text{l'equazione è determinata.}$$

Quindi, l'equazione ottenuta moltiplicando entrambi i membri per zero non è equivalente a quella data.

3. Consideriamo la seguente equazione: $\frac{1}{3}x - \frac{7}{4} = 0$

Riduciamo, innanzitutto, le frazioni ad uno stesso denominatore; sapendo che m.c.m (3; 4) = 12 si ha che:

$$\frac{4x - 21}{12} = \frac{0}{12}$$

Ora applichiamo il secondo principio di equivalenza moltiplicando entrambi i membri dell'equazione per il denominatore comune ai due membri:

$$\cancel{12} \cdot \frac{4x - 21}{\cancel{12}} = \cancel{12} \cdot \frac{0}{\cancel{12}}$$

semplificando otteniamo: $4x - 21 = 0$
applichiamo la regola del trasporto e otteniamo: $4x = 21$
Infine applicando il secondo principio di equivalenza (si dividono entrambi i membri per il coefficiente dell'incognita) si ha:

$$\frac{4x}{4} = \frac{21}{4} \Rightarrow x = \frac{21}{4}$$

4. Data l'equazione: $-x + 3 = 5$

applichiamo la regola del trasporto, otteniamo:

$$-x = -3 + 5 \quad \text{da cui} \quad -x = +2$$

Ora applichiamo il secondo principio di equivalenza moltiplicando entrambi i membri dell'equazione per (-1):

$$-1 \cdot (-x) = -1 \cdot (+2) \Rightarrow x = -2$$

Da quanto detto finora possiamo dedurre altre tre regole pratiche che sono conseguenza del secondo principio di equivalenza.

Cambiamento di segno

Se si cambiano di segno tutti i termini dei due membri di un'equazione si ottiene un'equazione equivalente a quella data.

Semplificazione dei fattori comuni

Se tutti i termini di un'equazione presentano un fattore comune non nullo, allora tale fattore si può semplificare ottenendo un'equazione equivalente a quella data.

Riduzione a denominatore comune

Se nell'equazione compaiono delle frazioni, si può calcolare il m.c.m. tra i denominatori, riducendo quindi tutte le frazioni a uno stesso denominatore.

5 Forma normale e grado di un'equazione

Applicando a un'equazione $P(x) = Q(x)$ i principi di equivalenza si ottiene un'equazione della forma $R(x) = 0$ dove $R(x)$ è un polinomio ridotto a forma normale di grado n.

La forma $R(x) = 0$ si dice **forma normale** dell'equazione e il grado n del polinomio è detto **grado** dell'equazione.

(Per semplicità è conveniente fare in modo che il segno del primo termine dell'equazione posta in forma normale sia positivo).

ESEMPI

1. $2x + 3 = 0$ è un'equazione in forma normale e ha grado 1.

2. Data l'equazione: $3x^2 + 5 = -x^3 + 5x$, per stabilirne il grado bisogna scrivere l'equazione in forma normale applicando i principi di equivalenza, sommare i termini simili e ordinare il polinomio ottenuto:

   $3x^2 + 5 + x^3 - 5x = 0$, da cui $x^3 + 3x^2 - 5x + 5 = 0$;
   così scritta l'equazione è in forma normale e ha grado 3.

In questa Unità studiamo le equazioni di primo grado, dette anche **equazioni lineari**.

AUTOVERIFICA 1

■ **Cos'è un'equazione?**

....

....

■ **Quando un'equazione si dice:**

determinata ....;

indeterminata ....;

impossibile ....?

■ **Classifica le seguenti equazioni.**

Equazione	Classificazione	Equazione	Classificazione
$3x = 5x - 1$	Equazione razionale intera	$\frac{4}{x+1} - \frac{x+2}{x-1} = 6$	
$\frac{1}{2}x + 1 = 0$		$\sqrt{2} + 3x = 9$	
$\frac{2}{x} + 5x = 3$		$x + \sqrt{x+4} = 10$	
$\sqrt{\frac{1+5x}{2x}} = 4$		$3x + \frac{x}{3} - \frac{1}{2} = 7$	

■ **Quando due equazioni si dicono equivalenti?**

....

....

■ **Collega le equazioni tra loro equivalenti.**

$2x = 4$	$x - 2 = 0$	$x - 5 = 0$
$3x - 12 = 0$	$4x - 22 = -x + 3$	$4x - 15 = 1$

■ **Enuncia il primo principio di equivalenza.**

....

....

■ **La regola del cambiamento di segno è conseguenza del .... principio di equivalenza e consiste nel moltiplicare entrambi i membri dell'equazione per ....**

■ **Scrivi in forma normale e stabilisci il grado delle seguenti equazioni.**

Equazione data	Operazioni intermedie	Forma normale	Grado
$10x - \frac{1}{2} = \frac{x^4}{5} + 7x$	$\frac{100x - 5 - 2x^4 - 70x}{10} = 0$	$2x^4 - 30x + 5 = 0$	4
$x + 2x = 3x - 5$			
$\frac{3}{4}x^2 + 5x = 6 - 24x$			
$2x - x^3 = 3x^3 + 5$			

SCHEDA DI LAVORO 1

1. Completa le tabelle e stabilisci quali delle seguenti uguaglianze sono identità.

a) $(2x-1)(2x+1)=4x^2-1$

Valore della x	Calcolo del I membro	Calcolo del II membro	Risultato di I membro	Risultato di II membro	I due membri sono uguali?
$x=0$	$(2\cdot 0-1)(2\cdot 0+1)$	$4\cdot(0)^2-1$	-1	-1	sì
È un'identità? ☐ sì ☐ no					

b) $(2x-1)(2x+1)=4x^2+3x-1$

Valore della x	Calcolo del I membro	Calcolo del II membro	Risultato di I membro	Risultato di II membro	I due membri sono uguali?
È un'identità? ☐ sì ☐ no					

2. Individua quale principio di equivalenza è stato applicato per passare dall'equazione della prima colonna a quella della seconda colonna.

1ª equazione	2ª equazione	Principio applicato
$4x+5=3x-1$	$4x+7=3x+1$	
$12x-1=4x+8$	$3x-\frac{1}{4}=x+2$	
$6x+12=3x-15$	$8x+16=4x-20$	
$x+6=9-5x$	$\frac{1}{3}x+6=9-\frac{17}{3}x$	

3. Completa la tabella.

Equazione	Obiettivo	Applica opportunamente i principi di equivalenza in modo che l'equazione ottenuta sia equivalente a quella data e soddisfi l'obiettivo richiesto	Principi usati
$2x=4$	Il coefficiente di x sia 1	$\frac{2x}{2}=\frac{4}{2}$; $x=2$	II principio
$5x=3$	Il secondo membro sia 0	$5x-3=0$	I principio
$5x=3$	Il coefficiente di x sia 10		
$3x+2=3$	Il secondo membro sia 2		
$\frac{1}{3}x=4$	Il coefficiente di x sia 1		
$6x-3=4x-1$	Il coefficiente di x sia $\frac{1}{2}$		

Controlla le soluzioni di questa scheda a pag. 609

6 Le equazioni razionali numeriche intere lineari

Le equazioni razionali intere **lineari** sono equazioni di primo grado che assumono la forma normale:
$ax = b$ dove a è il primo coefficiente e b è il termine noto

A seconda dei valori di a e b l'equazione può essere determinata, indeterminata o impossibile:

- se $a \neq 0$ l'equazione è **determinata** e, applicando il secondo principio di equivalenza, si ottiene: $\frac{ax}{a} = \frac{b}{a}$, da cui otteniamo la soluzione $x = \frac{b}{a}$.
  In questo caso l'equazione ha una ed una sola soluzione.
- Se $a = 0$ e $b = 0$ l'equazione è **indeterminata**, infatti sostituendo i valori di a e di b si ha: $0 \cdot x = 0$ da cui $0 = 0$; si ottiene, quindi, un'identità cioè un'uguaglianza vera qualsiasi sia il valore attribuito all'incognita.
- Se $a = 0$ e $b \neq 0$ l'equazione è **impossibile**, infatti sostituendo i valori di a e di b si ottiene $0 \cdot x = b$ che è impossibile per la legge di annullamento del prodotto.

Quanto appena esposto viene riassunto nello schema a fianco.

Coefficienti		Equazione	Soluzioni
$a \neq 0$	b qualsiasi	determinata	$x = \frac{b}{a}$
$a = 0$	$b = 0$	indeterminata	infinite
$a = 0$	$b \neq 0$	impossibile	nessuna

7 Risoluzione e verifica di un'equazione intera lineare

Proviamo a risolvere le equazioni lineari dei seguenti esempi.

ESEMPI

1. Data l'equazione: $5x - 3 = x - 10$
applicando la regola del trasporto e riducendo i termini simili scriviamo l'equazione in forma normale: $5x - x = 3 - 10$, da cui $4x = -7$.
Quest'ultima è un'equazione lineare; $a = 4 \neq 0$, quindi l'equazione è determinata e la sua soluzione si ottiene applicando all'equazione il secondo principio di equivalenza:

$$\frac{4x}{4} = -\frac{7}{4} \quad \text{da cui si ha la soluzione} \quad x = -\frac{7}{4}$$

Per essere sicuri che tale valore dell'incognita sia la soluzione cercata basta svolgere una semplice **verifica**: se il valore trovato è effettivamente la soluzione, sostituendo tale valore all'incognita x nell'equazione data, l'uguaglianza risulta vera. Verifica:

$$5 \cdot \left(-\frac{7}{4}\right) - 3 = -\frac{7}{4} - 10; \qquad -\frac{35}{4} - 3 = \frac{-7-40}{4};$$

$$\frac{-35-12}{4} = -\frac{47}{4}; \qquad -\frac{47}{4} = -\frac{47}{4}$$

2. Consideriamo l'equazione: $3x - 1 = 3x + 5$
trasformiamo l'equazione nella sua forma normale: $3x - 3x = 1 + 5$
da cui $0x = 6$
essendo $a = 0$ e $b \neq 0$, l'equazione è impossibile.

3. Risolviamo l'equazione: $2x - 7 = 2(x - 2) - 3$
svolgendo i calcoli si ottiene:
$2x - 7 = 2x - 4 - 3$; $2x - 2x = 7 - 4 - 3$; $0 \cdot x = 0$; $0 = 0$;
essendo $a = 0$ e $b = 0$, l'equazione è indeterminata.

8 Particolari equazioni di grado superiore al primo

Consideriamo l'equazione di grado n in forma normale $P(x) = 0$; se il polinomio $P(x)$ si può scomporre nel prodotto di due o più fattori $A(x)$, $B(x)$, $C(x)$, $D(x)$, ... $Q(x)$, l'equazione $P(x) = 0$ diventa $A(x) \cdot B(x) \cdot C(x) \cdot D(x) \cdot ... \cdot Q(x) = 0$, che, per la legge di annullamento del prodotto, si scinde nelle equazioni: $A(x) = 0$, $B(x) = 0$, $C(x) = 0$, $D(x) = 0$, ..., $Q(x) = 0$. Quindi per risolvere l'equazione intera in x di grado n basta cercare di scomporla in tante equazioni di primo grado.

ESEMPI

1. Consideriamo l'equazione di secondo grado $2x^2 + 3x = 0$.
Il primo membro di questa equazione può essere scritto come prodotto di fattori mediante un raccoglimento totale dell'incognita x in questo modo:
$$x(2x + 3) = 0$$
Per la legge di annullamento del prodotto l'equazione si scinde nelle due equazioni:
$$x = 0 \quad \text{e} \quad 2x + 3 = 0$$
Otteniamo così due equazioni lineari, di cui la prima è già risolta, mentre per la seconda, applicando i principi di equivalenza, si ottiene $x = -\dfrac{3}{2}$.
Quindi l'equazione data ha due soluzioni: $x_1 = 0$ e $x_2 = -\dfrac{3}{2}$.

2. Consideriamo l'equazione di secondo grado $4x^2 - 16 = 0$; essa può essere scritta così:
$$(2x + 4)(2x - 4) = 0$$
Applicando la legge di annullamento del prodotto otteniamo le due equazioni lineari:
$$2x + 4 = 0 \quad \text{e} \quad 2x - 4 = 0$$
che hanno rispettivamente le soluzioni $x_1 = -2$ e $x_2 = 2$.

9 Equazioni e problemi

Innumerevoli sono i problemi che si possono trovare in ambito fisico, economico, geometrico, chimico, ... la cui soluzione è data dalla risoluzione di una equazione più o meno semplice. Da qui l'utilità della conoscenza delle equazioni, come strumento fondamentale per la risoluzione di problemi. Vediamo insieme alcuni esempi.

ESEMPI

1. Mario deve costruire una recinzione di forma rettangolare. Mario conosce l'ubicazione di un vertice del rettangolo, sa che il lato minore è perpendicolare al casolare, che il perimetro della recinzione è 49 m e il lato minore del rettangolo è i $\dfrac{3}{4}$ del lato maggiore. Come fa a costruire la recinzione?

La domanda del problema può essere riformulata nel seguente modo: quali sono le dimensioni del rettangolo? Infatti conoscendo la posizione di un vertice del rettangolo e come è disposto rispetto a un punto di riferimento (il casolare) basta sapere le lunghezze dei lati e il rettangolo si può disegnare (in questo caso si può costruire la recinzione). La risposta è data dalla soluzione di un'equazione lineare. Infatti, posto $x =$ misura del lato maggiore del rettangolo, si ha che la misura del lato minore del rettangolo è $\frac{3}{4}x$. Quindi il perimetro è dato da:

$$2p = \text{lato maggiore} + \text{lato maggiore} + \text{lato minore} + \text{lato minore}$$

$$49 = x + x + \frac{3}{4}x + \frac{3}{4}x$$

svolgendo i calcoli otteniamo: $\frac{196}{4} = \frac{4x + 4x + 3x + 3x}{4}$

$$196 = 14x; \qquad 14x = 196; \qquad x = 14$$

Quindi il lato maggiore è di 14 m. Il lato minore sarà: $\frac{3}{4}x = \frac{3}{4} \cdot 14 = 10{,}5\ (\text{m})$

2. Qual è quel numero il cui quadrato è uguale al triplo del numero stesso?
Anche questo problema può essere risolto mediante una semplice equazione.
Poniamo $x =$ numero incognito, quindi $x^2 = 3x$ da cui: $x^2 - 3x = 0$.

Abbiamo un'equazione di grado superiore al primo che si può risolvere scomponendo il polinomio di secondo grado e applicando la legge di annullamento del prodotto:

$$x^2 - 3x = 0 \quad ; \quad x(x-3) = 0$$

da cui: $x = 0$ e $x - 3 = 0$

Quindi il problema ha due soluzioni: $x_1 = 0 \quad ; \quad x_2 = 3$

NOTIZIE STORICHE

Molti testi risalenti al periodo babilonese antico (1900-1600 a.C.) mostrano che la **soluzione di un'equazione** di primo e di secondo grado completa non presentava difficoltà per i babilonesi. Per esprimere le incognite non utilizzavano le lettere, come facciamo ora noi, ma usavano termini geometrici quali lunghezza, larghezza, area... Anche i greci affrontavano il problema delle equazioni soltanto da un punto di vista geometrico, risolvendo problemi con equazioni di primo e secondo grado. In Occidente dopo il periodo della civiltà greca ci fu una lenta decadenza e si perse la capacità di comprendere le opere degli antichi e di svilupparle ulteriormente, per la convinzione che avessero già raggiunto la perfezione. In Oriente, al contrario, gli studi scientifici ebbero un notevole impulso nei secoli VIII e IX d.C., specialmente presso gli arabi e gli indiani. In particolare il grande astronomo e matematico indiano **Al-Khuwarismi**, vissuto nella prima metà dell'800, si occupò di studi relativi alla risoluzione di equazioni introducendo regole per passare da una data equazione ad un'altra ad essa equivalente (ad esempio, il trasporto di un termine da un membro all'altro dell'equazione). La sua più importante opera fu *Al-jabr* da cui deriva la parola Algebra, che ancora noi utilizziamo, e che era intesa come l'arte di risolvere equazioni trasformandole in altre equivalenti ma più semplici. In Occidente si tornò allo studio delle equazioni e dell'algebra solo intorno al 1200 per opera del matematico pisano Leonardo Pisano detto Fibonacci che, viaggiando in Oriente, studiò prima i procedimenti aritmetici utilizzati dagli arabi e poi ricercò e approfondì la scienza matematica dei greci antichi, degli indiani e degli arabi. Fu grazie a Fibonacci che questa scienza fu divulgata in Occidente, anche grazie alla pubblicazione di due sue opere: *Liber Abbaci* e *Pratica Geometriae*.

AUTOVERIFICA 2

- **L'equazione lineare $ax = b$ con $a = 0$ e $b \neq 0$ ammette .... soluzione quindi è ....; mentre, la stessa equazione con $a = 0$ e $b = 0$ ammette .... soluzioni e quindi è ....**

- **Quando l'equazione si dice determinata? ....**

- **La soluzione dell'equazione $3x - 5 = 0$ è:**

A	*B*	*C*	*D*	*E*
$x = 3 - 5$	$x = 5 - 3$	$x = -\frac{3}{5}$	$x = \frac{5}{3}$	$x = \frac{3}{5}$

- **La soluzione dell'equazione $-2x = 0$ è:**

A	*B*	*C*	*D*	*E*
$x = -2$	$x = +2$	$x = \frac{1}{2}$	$x = 0$	$x = -\frac{1}{2}$

- **Determina la soluzione, se esiste, delle seguenti equazioni.**

Equazione	Soluzione	Equazione	Soluzione
$3x = 2$	$x = \frac{2}{3}$	$6a + 1 = 0$	
$3 + x = 4$		$10y = 0$	
$3x + 1 = 3(x + 1) + 4$		$2x + \frac{1}{3} = 0$	
$0 \cdot x = 5$		$\frac{1}{2}x - 8 = 0$	
$x = 2x + 7$		$\frac{3x - 1}{2} = 2$	
$8 - x = \frac{5 - 2x}{2}$		$3 = \frac{2a - 5}{4}$	
$\frac{x - 2}{2} + \frac{x}{3} = 0$		$(x + 2)^2 = x(x - 4) = 12$	

- **Traduci in equazioni i seguenti quesiti e trova il risultato, come nell'esempio svolto.**

Quesito	Equazione che traduce il quesito e relativa soluzione
Il doppio di un numero aumentato di 5 è uguale a 13.	$2 \cdot x + 5 = 13$; $2x = 13 - 5$; $2x = 8$; $x = 4$
Il triplo del quadrato di un numero è uguale a 27.	
Il quadrato del doppio di un numero è uguale a 64.	
La somma di un numero con il suo successivo è uguale al triplo del numero stesso diminuito di 2.	
Il prodotto di un numero per il suo successivo è uguale al quadrato del numero aumentato di 1.	

SCHEDA DI LAVORO 2

1. Risolvi le seguenti equazioni di grado superiore al primo.

Equazione	Scomposizione			Soluzioni
$x^2 - 25 = 0$	$(x-5)(x+5)=0$	$x-5=0$	$x+5=0$	$x=5;\ x=-5$
$2x^2 + 3x = 0$				
$x^4 - 4x^2 = 0$				
$x^3 - 3x^2 + 2x = 0$				

2. Risolvi le seguenti equazioni.

Equazione	Svolgimento	Soluzione
$40 - 10x + 3 = -2x + 3$		
$(x-3)(x+3) = x(x-4)$		
$\frac{3}{2}x - 1 = 2x$		
$\frac{2x+5}{3} - 1 = x - \frac{x-2}{3}$		
$\frac{4x+3}{2} - \frac{10}{6}x = \frac{x-1}{3}$		
$x^4 - 4x^2 = 0$		

3. Collega ciascun quesito con l'equazione che lo traduce, scelta tra quelle proposte.

Quesito	Equazione che traduce il quesito		
La somma tra x e 4 è uguale a 7.	$x = 4 + 7$	$x = 4 - 7$	$x + 4 = 7$
Il doppio di un numero supera di 2 il numero 9.	$2x - 9 = 2$	$2x + 2 = 9$	$2x = 9 + 2$
La metà della somma tra un numero e 6 è uguale a 3.	$\frac{1}{2} \cdot 6 + x = 3$	$\frac{1}{2}x + 6 = 3$	$\frac{1}{2}(x+6) = 3$
Il doppio di un numero è uguale al quadrato di 7.	$2 \cdot x = 7$	$2x = 7^2$	$2x = 2 \cdot 7$
Il triplo di x diminuito della metà di y è uguale a 15.	$3x - \frac{y}{2} = 15$	$\frac{3x-y}{2} = 15$	$3x - 15 = \frac{1}{2}y$
La differenza tra il quadrato di x e il cubo di y è 20.	$x^2 - 3y = 20$	$x^2 - y^3 = 20$	$2x - y^3 = 20$

4. Traduci i seguenti problemi in equazione e poi calcolane la soluzione.

a) Nell'insieme dei numeri naturali, determina un numero la cui terza parte aumentata di 5 sia uguale a 12.

b) Nell'anno 2003 l'utile netto di una ditta è di € 110 000; tale utile deve essere diviso tra i tre soci nelle seguenti parti: al primo socio spetta il doppio del secondo ed al terzo una somma pari ai $\frac{5}{4}$ del primo. Quanto riceve ciascun socio?

c) Il perimetro di un triangolo scaleno è 240 cm. Determina la lunghezza dei tre lati sapendo che la lunghezza del lato minore è $\frac{2}{5}$ del lato maggiore e la lunghezza del terzo lato supera di 30 cm la differenza tra gli altri due.

Controlla le soluzioni di questa scheda a pag. 609

Evidenzio il percorso che ho seguito

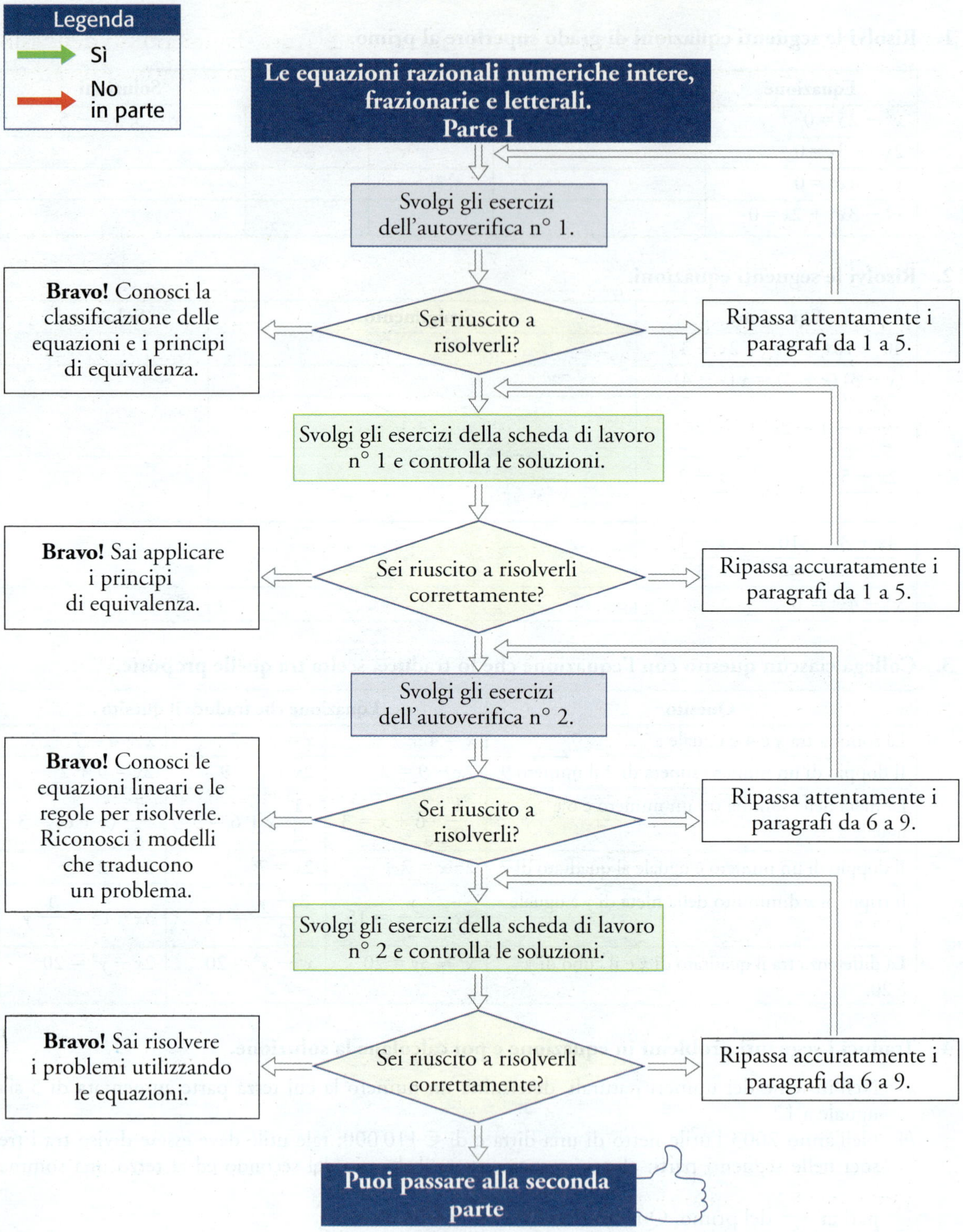

10 Le equazioni razionali frazionarie

Come abbiamo già detto, un'equazione in cui l'incognita si trova in almeno un denominatore delle frazioni presenti si dice **equazione razionale frazionaria** o **fratta**. Ad esempio, sono equazioni razionali frazionarie:

$$\frac{x}{x-2}=\frac{1}{x-2}; \qquad \frac{6x}{2x+1}=\frac{3x}{x-1}$$

Come possiamo osservare, i termini delle equazioni fratte sono frazioni algebriche che, come già sappiamo, perdono di significato per quei valori numerici che, sostituiti alle lettere, annullano i denominatori. Quindi, prima di risolvere un'equazione razionale fratta, dobbiamo stabilire le **condizioni di esistenza** (**C.E.**) delle frazioni che vi compaiono, e il **dominio D** dell'equazione, cioè l'insieme dei valori per i quali hanno significato tutti i termini dell'equazione.

ESEMPI

1. Consideriamo la seguente equazione razionale frazionaria:

$$\frac{4}{x+1}=2$$

La frazione algebrica $\frac{4}{x+1}$ ha significato solo se $x+1\neq 0$, cioè $x\neq -1$; quindi:

$$\text{C.E.: } x\neq -1 \qquad D=\mathbb{Q}-\{-1\}$$

Risolviamo ora l'equazione riducendo le frazioni algebriche al minimo comune denominatore:

$$\frac{4}{x+1}=\frac{2\,(x+1)}{x+1}$$

Ora, applicando i principi di equivalenza, arriviamo alla soluzione dell'equazione:

$$\cancel{(x+1)}\,\frac{4}{\cancel{x+1}}=\cancel{(x+1)}\,\frac{2\,(x+1)}{\cancel{x+1}}$$

$$4=2x+2$$

$$-2x=-4+2$$

$$-2x=-2$$

$$\frac{2x}{2}=\frac{2}{2}$$

$$x=1$$

La soluzione dell'equazione data è $x=1$ ed è accettabile perché appartiene al dominio; pertanto l'equazione data è **determinata**.

2. Risolviamo la seguente equazione razionale frazionaria:

$$\frac{x-2}{x+2}-\frac{x+2}{x-2}=\frac{16}{x^2-4}$$

Scomponiamo i denominatori in fattori primi; i primi due denominatori sono polinomi irriducibili mentre il terzo si può scomporre nel seguente modo $x^2-4=(x-2)\,(x+2)$.

Riscriviamo l'equazione con i denominatori scomposti e determiniamo le condizioni di esistenza delle frazioni algebriche:

$$\frac{x-2}{x+2}-\frac{x+2}{x-2}=\frac{16}{(x+2)(x-2)}$$

$$x-2\neq 0 \quad \text{da cui} \quad x\neq 2 \quad \text{e} \quad x+2\neq 0 \quad \text{da cui} \quad x\neq -2$$

quindi C.E.: $x\neq -2$; $x\neq 2$ $\quad D=\mathbb{Q}-\{-2; 2\}$.

Ora calcoliamo il m.c.m. fra i denominatori:

$$\text{m.c.m. } [x-2;\ x+2;\ (x-2)(x+2)]=(x-2)(x+2)$$

Riduciamo le frazioni allo stesso denominatore e svolgiamo i calcoli fino alla determinazione della soluzione:

$$\frac{(x-2)^2-(x+2)^2}{(x-2)(x+2)}=\frac{16}{(x-2)(x+2)}$$

$$\cancel{(x-2)(x+2)}\,\frac{(x-2)^2-(x+2)^2}{\cancel{(x-2)(x+2)}}=\cancel{(x-2)(x+2)}\,\frac{16}{\cancel{(x-2)(x+2)}}$$

$$(x-2)^2-(x+2)^2=16$$

$$x^2-4x+4-(x^2+4x+4)=16$$

$$\cancel{x^2}-4x+\cancel{4}-\cancel{x^2}-4x-\cancel{4}=16$$

$$-8x=16$$

$$\frac{8x}{8}=\frac{16}{8}$$

$$x=-2$$

Il valore $x=-2$ non è accettabile perché è incompatibile con la C.E.; pertanto l'equazione data non ha soluzione, cioè è **impossibile**.

3. Consideriamo la seguente equazione razionale fratta:

$$\frac{x+4}{x-5}=\frac{x-2}{x+5}+\frac{16x}{x^2-25}$$

Procedendo come negli esempi precedenti determiniamo il dominio dell'equazione.

$$\frac{x+4}{x-5}=\frac{x-2}{x+5}+\frac{16x}{(x-5)(x+5)} \quad \text{quindi} \quad x+5\neq 0 \text{ e } x-5\neq 0$$

da cui C.E. $x\neq -5$, $x\neq 5$, $D=\mathbb{Q}-\{-5, 5\}$;

Risolvendo otteniamo:

$$\frac{(x+4)(x+5)}{(x-5)(x+5)}=\frac{(x-2)(x-5)+16x}{(x-5)(x+5)}$$

$$\cancel{(x-5)(x+5)}\,\frac{(x+4)(x+5)}{\cancel{(x-5)(x+5)}}=\frac{(x-2)(x-5)+16x}{\cancel{(x-5)(x+5)}}\,\cancel{(x-5)(x+5)}$$

$x^2+5x+4x+20=x^2-5x-2x+10+16x$; $\quad 0x=-10$.

Pertanto l'equazione è **impossibile**.

Dagli esempi precedenti possiamo facilmente dedurre che un'equazione frazionaria è **impossibile** quando la soluzione ottenuta annulla almeno un denominatore, oppure quando l'equazione intera che si ottiene è impossibile.
Prendiamo in considerazione il seguente esempio.

ESEMPIO

Consideriamo l'equazione:

$$\frac{3x+1}{x+3}=\frac{x-1}{x-3}+\frac{2x(x-5)}{x^2-9}$$

Scomponiamo i denominatori in fattori primi; i primi due denominatori sono polinomi irriducibili mentre il terzo si può scomporre nel seguente modo:

$$x^2-9=(x-3)(x+3).$$

Riscriviamo l'equazione con i denominatori scomposti e determiniamo le condizioni di esistenza delle frazioni algebriche:

$$\frac{3x+1}{x+3}=\frac{x-1}{x-3}+\frac{2x(x-5)}{(x-3)(x+3)}$$

$$x-3\neq 0 \quad \text{da cui} \quad x\neq 3 \quad \text{e} \quad x+3\neq 0 \quad \text{da cui} \quad x\neq -3$$

quindi $\quad$ C.E.: $x\neq -3; x\neq 3 \qquad D=\mathbb{Q}-\{-3;3\}$.

Ora calcoliamo il m.c.m. fra i denominatori:

$$\text{m.c.m.}\ [x-3;\ x+3;\ (x-3)(x+3)]=(x-3)(x+3)$$

Riduciamo le frazioni allo stesso denominatore e svolgiamo i calcoli fino alla determinazione della soluzione:

$$\frac{3x+1}{x+3}=\frac{x-1}{x-3}+\frac{2x(x-5)}{(x-3)(x+3)}$$

$$\frac{(3x+1)(x-3)}{(x-3)(x+3)}=\frac{(x-1)(x+3)+2x^2-10x}{(x-3)(x+3)}$$

$$\cancel{(x-3)(x+3)}\,\frac{(3x+1)(x-3)}{\cancel{(x-3)(x+3)}}=\frac{(x-1)(x+3)+2x^2-10x}{\cancel{(x-3)(x+3)}}\,\cancel{(x-3)(x+3)}$$

$$3x^2-9x+x-3=x^2+3x-x-3+2x^2-10x$$

$$0x=0$$

L'equazione è **indeterminata**, quindi la sua soluzione è: $x\in D=\mathbb{Q}-\{-3;3\}$

Possiamo concludere dicendo che

per risolvere un'equazione razionale frazionaria si procede così:

a) si determinano i valori dell'incognita per i quali si annulla almeno uno dei denominatori presenti nell'equazione: tali valori non appartengono al dominio dell'equazione;

b) si risolve l'equazione;

c) si confronta l'insieme delle soluzioni con le condizioni stabilite al punto (*a*) e si accettano solo le soluzioni appartenenti al dominio dell'equazione.

11 Le equazioni razionali letterali

Ci sono equazioni in cui sono presenti altre lettere, oltre l'incognita; consideriamo, infatti, le seguenti equazioni nell'incognita x:

1) $x + 5 = 3x - 1$ 2) $2ax + 4 = 3a$ con $a \in \mathbb{Q}$

Nella prima equazione l'unica lettera che compare è l'incognita x e tutti i coefficienti sono numeri; tale equazione, come sappiamo, viene definita **equazione numerica**. Nella seconda equazione, invece, oltre all'incognita compare anche la lettera a. La lettera a non è un'incognita, ma è detta **parametro**, cioè rappresenta una costante che, di volta in volta, assume tutti i possibili valori nell'insieme dei numeri razionali. Risulta evidente che la soluzione dell'equazione dipende dal valore assunto dal parametro a; per cui, l'equazione viene definita **equazione letterale** (o equazione parametrica).

Un'equazione si dice **letterale** o **parametrica** se sono presenti altre lettere oltre l'incognita.

Vediamo con un esempio come si risolve un'equazione letterale.

ESEMPIO

Consideriamo la seguente equazione letterale:

$$a(a+2)x = \frac{2a+4}{a-1} \quad \text{con} \quad a \in \mathbb{Q}$$

Questa è un'equazione letterale lineare nell'incognita x e di parametro a. La soluzione dell'equazione dipende dai valori che si attribuiscono al parametro; infatti proviamo ad attribuire ad a alcuni valori e studiamo l'equazione così ottenuta:

- per $a = 1$ l'equazione diventa $1\,(1+2)\,x = \frac{2 \cdot 1 + 4}{1 - 1}$ cioè si annulla il denominatore.

  Quindi l'equazione, per $a = 1$, **perde significato**;

- per $a = 2$ l'equazione diventa: $2\,(2+2)\,x = \frac{2 \cdot 2 + 4}{2 - 1}$ da cui svolgendo le operazioni si ha: $8x = 8$, cioè $x = 1$.
  Quindi l'equazione, per $a = 2$, risulta **determinata**;

- per $a = 0$ l'equazione diventa $0 \cdot (0+2)\,x = \frac{2 \cdot 0 + 4}{0 - 1}$ da cui svolgendo le operazioni si ha: $0 \cdot x = -4$.
  Quindi l'equazione, per $a = 0$, risulta **impossibile**;

- per $a = -2$ l'equazione diventa: $-2\,(-2+2)\,x = \frac{2 \cdot (-2) + 4}{-2 - 1}$ da cui svolgendo le operazioni si ha: $0x = 0$.
  Quindi l'equazione, per $a = -2$, risulta **indeterminata**.

Si potrebbe continuare questo procedimento attribuendo al parametro infiniti valori e stabilendo di volta in volta se l'equazione risulta determinata, indeterminata o impossibile. Ovviamente risulta impossibile un procedimento siffatto perché otterremmo infinite equazioni numeriche. In pratica, per risolvere un'equazione letterale si devono individuare i valori del parametro per cui l'equazione risulta determinata, indeterminata o impossibile, cioè bisogna eseguire la cosiddetta **discussione dell'equazione**.
Discutere un'equazione i cui coefficienti siano espressi mediante una o più lettere significa individuare i valori dei parametri per i quali l'equazione risulta determinata, indeterminata, impossibile o perde significato.

Per discutere un'equazione, bisogna procedere nel seguente modo:

- scrivere l'equazione in forma normale ($ax = b$);
- determinare le condizioni di esistenza rispetto al parametro;
- l'equazione **perde significato** per i valori del parametro che annullano i denominatori eventualmente presenti nell'equazione;
- l'equazione risulta **determinata** per tutti i valori del parametro che non annullano il coefficiente dell'incognita ($a \neq 0$);
- l'equazione risulta **impossibile** per i valori del parametro che annullano il coefficiente dell'incognita ma non annullano il termine noto ($a = 0$ e $b \neq 0$);
- l'equazione risulta **indeterminata** per i valori del parametro che annullano sia il coefficiente dell'incognita che il termine noto ($a = 0$ e $b = 0$).

Vediamo mediante alcuni esempi come si discute un'equazione letterale.

ESEMPI

1. Risolviamo la seguente equazione:

$$6x - 7 = bx + 3 \quad \text{con} \quad b \in \mathbb{Q}$$

È un'equazione lineare letterale nell'incognita x;

- scriviamo l'equazione in forma normale cioè portiamo tutti i termini contenenti l'incognita al primo membro e i termini noti al secondo membro:

$$6x - bx = 7 + 3$$

  raccogliamo x tra i due termini al primo membro e sommiamo i termini al secondo membro; otteniamo:

$$x(6 - b) = 10$$

- determiniamo per quali valori del parametro si annulla il coefficiente dell'incognita:

$$6 - b = 0 \quad \text{da cui} \quad b = 6$$

- se $b \neq 6$ allora l'equazione è **determinata** e la soluzione è data da:

$$x = \frac{10}{6 - b}$$

- se $b = 6$ dobbiamo controllare il valore del termine noto; il termine noto è 10, quindi l'equazione è **impossibile**; infatti, sostituendo il valore del parametro nell'equazione, otteniamo:

$$x(6 - 6) = 10$$

  da cui:

$$x0 = 10$$

Se vogliamo schematizzare il procedimento, otteniamo:

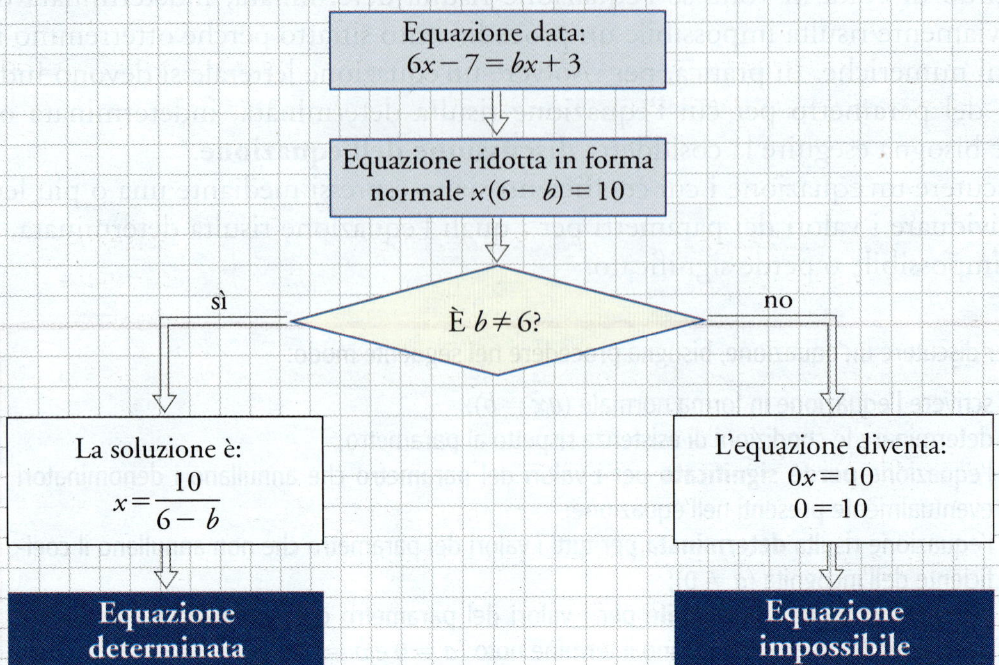

Pertanto si ha che:

Valore del parametro	Soluzione dell'equazione	Equazione
$\forall b \in \mathbb{Q} - \{6\}$	$x = \frac{10}{6 - b}$	determinata
$b = 6$	nessuna	impossibile

2. Consideriamo l'equazione letterale:

$$ax + 4 = a^2 - 2x \quad \text{con} \quad a \in \mathbb{Q}$$

Seguendo il procedimento descritto, risolviamo l'equazione.
Poniamo l'equazione in forma normale:

$$ax + 2x = a^2 - 4$$

da cui:

$$x(a + 2) = a^2 - 4$$

Determiniamo il valore del parametro che annulla il coefficiente dell'incognita:

$$a + 2 = 0$$

$$a = -2$$

Se $a \neq -2$ otteniamo:

$$x = \frac{a^2 - 4}{a + 2}$$

$$x = \frac{(a - 2)(a + 2)}{a + 2}$$

$$x = a - 2$$

Se $a = -2$ il termine noto si annulla? Sostituendo nel termine noto, otteniamo:

$$2^2 - 4 = 4 - 4 = 0$$

Osserviamo che per $a = -2$ anche il termine noto si annulla, quindi l'equazione è **indeterminata**; infatti, risulta:

$$0x = 0$$

Pertanto si ha che:

Valore del parametro	Soluzione dell'equazione	Equazione
$\forall a \in \mathbb{Q} - \{-2\}$	$x = a - 2$	determinata
$a = -2$	infinite	indeterminata

Prova a schematizzare la risoluzione dell'equazione come nell'esempio 1.

3. Consideriamo l'equazione letterale:

$$k^2x - 4k^2 - 36 = 3kx - 24k \text{ con } k \in \mathbb{Q}$$

poniamo l'equazione in forma normale e risolviamo:

$$k^2x - 3kx = 4k^2 - 24k + 36$$

$$xk(k-3) = 4(k^2 - 6k + 9)$$

$$xk(k-3) = 4(k-3)^2$$

Determiniamo i valori del parametro che annullano il coefficiente dell'incognita:

$$k(k-3) = 0$$

da cui otteniamo:

$$k = 0 \quad \text{e} \quad k = 3$$

Per $k \neq 0$ e $k \neq 3$ l'equazione è **determinata** e la soluzione è data da:

$$x = \frac{4(k-3)^2}{k(k-3)}; \qquad x = \frac{4(k-3)}{k}$$

Cosa succede per $k = 0$ e $k = 3$?

- Se $k = 0$ l'equazione diventa:

$$x \cdot 0 \cdot (0-3) = 4(0-3)^2$$

$$x \cdot 0 = 36$$

  l'equazione è **impossibile**.

- Se $k = 3$ l'equazione diventa:

$$x \cdot 3 \cdot (3-3) = 4(3-3)^2$$

$$x \cdot 0 = 0$$

  l'equazione è **indeterminata**.

Pertanto si ha che:

Valore del parametro	Soluzione dell'equazione	Equazione
$\forall k \in \mathbb{Q} - \{0; 3\}$	$x = \frac{4(k-3)}{k}$	determinata
$k = 0$	nessuna	impossibile
$k = 3$	infinite	indeterminata

4. Risolviamo la seguente equazione letterale fratta:

$$\frac{2}{x+1}-\frac{k+2}{x^2-1}=\frac{2k+2}{x+1} \quad \text{con } k\in\mathbb{Q}$$

Scomponiamo i denominatori in fattori primi $x^2-1=(x-1)(x+1)$.
Riscriviamo l'equazione con i denominatori scomposti e determiniamo le condizioni di esistenza delle frazioni algebriche:

$$\frac{2}{x+1}-\frac{k+2}{(x-1)(x+1)}=\frac{2k+2}{x+1}$$

$$x-1\neq 0 \quad \text{da cui} \quad x\neq 1 \quad \text{e} \quad x+1\neq 0 \quad \text{da cui} \quad x\neq -1$$

quindi C.E.: $x\neq -1; x\neq 1$ $\quad D=\mathbb{Q}-\{-1;1\}$.

Procedendo alla risoluzione dell'equazione si ha:

$$\frac{2(x-1)-k-2}{(x-1)(x+1)}=\frac{(2k+2)(x-1)}{(x-1)(x+1)}$$

$$2x-2-k-2=2kx-2k+2x-2 \Rightarrow -2kx=+4+k-2k-2 \Rightarrow$$
$$-2kx=-k+2 \Rightarrow 2kx=k-2$$

Determiniamo i valori del parametro che annullano il coefficiente dell'incognita:

$$2k=0 \quad \text{ossia} \quad k=0$$

Per $k\neq 0$ l'equazione ha come soluzione: $x=\dfrac{k-2}{2k}$, questa soluzione non è accettabile per tutti i valori del parametro che la rendono uguale a 1 o a -1; quindi bisogna determinare tali valori.

$\dfrac{k-2}{2k}=1$	$\dfrac{k-2}{2k}=-1$
$k-2=2k$	$k-2=-2k$
$-k=2$	$3k=2$
$k=-2$	$k=\dfrac{2}{3}$

Pertanto, l'equazione è determinata per $k\in\mathbb{Q}-\left\{0,-2,\dfrac{2}{3}\right\}$ e in questo caso la soluzione è: $x=\dfrac{k-2}{2k}$.

Se $k=0$ l'equazione diventa $2\cdot 0\cdot x=0-2$ da cui $0x=-2$
Pertanto l'equazione è impossibile.
Riassumiamo in una tabella i risultati ottenuti:

Valore del parametro	Soluzione dell'equazione	Equazione
$\forall k\in\mathbb{Q}-\left\{0;-2,\dfrac{2}{3}\right\}$	$x=\dfrac{k-2}{2k}$	determinata
$k=0$	nessuna	impossibile

AUTOVERIFICA 3

■ **Quando un'uguaglianza tra due espressioni algebriche si dice equazione razionale frazionaria?**

....

....

Fai un esempio.

■ **Cos'è il dominio di un'equazione?**

....

....

....

■ **Determina il dominio delle seguenti equazioni.**

a) $\dfrac{3-x}{x+1}+2-\dfrac{5}{x}=0$ *b)* $1-\dfrac{6+x}{x^2-4}=\dfrac{x^2+4}{x+2}$ *c)* $\dfrac{6x+2}{x-5}+8x=\dfrac{3-2x}{x+5}$

d) $\dfrac{2}{3}x+4x=7x-\dfrac{1}{6}$ *e)* $\dfrac{4-5x}{4x+2}-\dfrac{1}{2}=x+\dfrac{3}{4x^2-1}$ *f)* $3x-\dfrac{7x+5}{2x}=\dfrac{6x-8}{x^2+2x}$

■ **Scegli la soluzione corretta delle seguenti equazioni, tra quelle proposte.**

$12-\dfrac{10}{x}=0$	$x=-\dfrac{5}{6}$	$x=\dfrac{6}{5}$	$x=\dfrac{5}{6}$
$\dfrac{6x}{3x-1}=3+\dfrac{2}{3x-1}$	$x=\dfrac{1}{3}$	impossibile	indeterminata
$\dfrac{x+1}{x}-\dfrac{x}{x+1}=\dfrac{17-2x}{x^2+x}$	$x=\dfrac{1}{4}$	$x=4$	$x=-1$

■ **Cosa si intende per equazione letterale?**

....

....

■ **Fra le seguenti equazioni identifica quelle letterali e quelle numeriche.**

Equazione	Incognita	Parametro	Numerica o letterale?
$3x=6-8x$	x		
$2ax+3=a$	x	a	
$25=\dfrac{5\cdot h}{2}$	h		
$22+5t=100$	t		
$\dfrac{4x}{b}=ab+7x$	x	a e b	

■ **Risolvi la seguente equazione letterale: $3x-kx=2$**

Scrivi l'equazione in forma normale. (....................) $\cdot x=$ ....; determina i valori del parametro che annullano il coefficiente di x: $k=$ ...., se $k\neq$ .... allora l'equazione è ....

Se $k=$ ....; sostituendo nell'equazione ottieni (....................) $\cdot x=2$ e l'equazione è ....

■ **Seguendo il procedimento dell'esercizio precedente risolvi la seguente equazione letterale.**

$4x+kx=k-3$.

SCHEDA DI LAVORO 3

1. Determina il dominio D delle seguenti equazioni razionali frazionarie scegliendo tra quelli proposti a fianco.

Equazione	D 1	D 2	D 3
$2-\frac{11}{x+1}=0$	$\mathbb{Q}$	$\mathbb{Q}-\{1\}$	$\mathbb{Q}-\{-1\}$
$\frac{2x+3}{3x-1}=3+\frac{1}{9x^2-1}$	$\mathbb{Q}-\left\{\frac{1}{9}\right\}$	$\mathbb{Q}-\left\{\frac{1}{3};-\frac{1}{3}\right\}$	$\mathbb{Q}-\{3;-3\}$
$\frac{x-1}{x+2}-\frac{3}{x}=\frac{12-x}{x^2+2x}$	$\mathbb{Q}-\{2\}$	$\mathbb{Q}-\{2;0\}$	$\mathbb{Q}-\{-2;0\}$

2. Risolvi la seguente equazione razionale frazionaria:

$$\frac{3x+4}{3x-1}=\frac{x-5}{1+x}$$

I denominatori sono polinomi ...., quindi le condizioni di esistenza sono $3x-1\neq$ .... da cui .... e $1+x$ .... da cui ....

quindi C.E.: ...., $D=\mathbb{Q}-\{........\}$.
Svolgendo i calcoli si ottiene:

$$\frac{(3x+4)\,.........}{(3x-1)(1+x)}=\frac{.........}{(3x-1)\,.........};\quad ....;\quad x=.........\,.$$

Poiché $x\in$ ...., allora l'equazione è ....

3. Data l'equazione $(b+3)\,x=b^2-9$, determina il valore di verità (Vero o Falso) delle seguenti proposizioni.

	V	F
a) Per $b=2$ l'equazione è determinata.	☐	☐
b) Per $b=0$ l'equazione è impossibile.	☐	☐
c) Per $b=3$ l'equazione è impossibile.	☐	☐
d) Per $b=-3$ l'equazione è indeterminata.	☐	☐
e) Per $b=-2$ l'equazione ha come soluzione $x=5$.	☐	☐

4. Individua in ogni caso i valori del parametro per i quali le seguenti equazioni sono determinate, indeterminate, impossibili o perdono significato.

Equazione	Forma normale	Valori del parametro	L'equazione è ...
$3ax+x=2$			
$5x-5=ax-a$			
$3x+a=2ax+4$			
$\frac{(a+1)\,x}{a-2}=8$			
$ax+25=a^2-5x$			

Controlla le soluzioni di questa scheda a pag. 610

Evidenzio il percorso che ho seguito

Legenda
- → Sì
- → No / in parte

Le equazioni razionali numeriche intere frazionarie e letterale
Parte II

Svolgi gli esercizi dell'autoverifica n° 3.

Sei riuscito a risolverli?

- Sì → **Bravo!** Conosci le equazioni razionali frazionarie e le equazioni razionali letterali.
- No / in parte → Ripassa attentamente i paragrafi 10 e 11. (Poi torna a: Svolgi gli esercizi dell'autoverifica n° 3.)

Svolgi gli esercizi della scheda di lavoro n° 3 e controlla le soluzioni.

Sei riuscito a risolverli correttamente?

- Sì → **Bravo!** Sai risolvere le equazioni frazionarie e letterali.
- No / in parte → Ripassa accuratamente i paragrafi 10 e 11. (Poi torna a: Svolgi gli esercizi della scheda di lavoro n° 3.)

Puoi passare alla prossima Unità

SINTESI

<table>
<tr><td>Equazione</td><td colspan="2">Un'uguaglianza tra due espressioni algebriche in una o più variabili si dice equazione.
Se l'uguaglianza è verificata qualsiasi siano i valori attribuiti alle variabili in essa contenute è detta identità. L'identità, quindi, è una particolare equazione.</td><td>$P(x) = Q(x)$
$x + 1 = 3x + 3$ (equazione)
$2x + 1 + 2 = 3x - x + 3$ (identità)</td></tr>
<tr><td>Soluzioni</td><td colspan="2">I valori che, attribuiti alla variabile (detta incognita), rendono vera l'uguaglianza si dicono soluzioni dell'equazione.</td><td>$x + 2 = 0$
$x = -2 \quad -2 + 2 = 0$</td></tr>
<tr><td>Equazione determinata</td><td colspan="2">Un'equazione si dice determinata se l'insieme delle soluzioni è finito.</td><td>$x + 2 = 0$
$S = \{-2\}$</td></tr>
<tr><td>Equazione indeterminata</td><td colspan="2">Un'equazione si dice indeterminata se l'insieme delle soluzioni è infinito.</td><td>$2x + 1 + 2 = 3x - x + 3$
$S = Q$</td></tr>
<tr><td>Equazione impossibile</td><td colspan="2">Un'equazione si dice impossibile se l'insieme delle soluzioni coincide con l'insieme vuoto.</td><td>$2x + 1 + 2 = 3x - x$
$0x = -3$; $S = \varnothing$</td></tr>
<tr><td rowspan="8">Equazioni equivalenti</td><td colspan="2">Due equazioni si dicono equivalenti se hanno lo stesso insieme soluzione.</td><td>$S_1 = S_2$</td></tr>
<tr><td>• primo principio di equivalenza</td><td>Se a entrambi i membri di un'equazione si addiziona (o si sottrae) uno stesso numero o una stessa espressione algebrica si ottiene una nuova equazione equivalente a quella data.</td><td>$2x + 3 = 1$
$2x + 3 - 4 = 1 - 4$</td></tr>
<tr><td>• secondo principio di equivalenza</td><td>Se entrambi i membri di un'equazione si moltiplicano (o si dividono) per uno stesso numero diverso da zero o per una stessa espressione algebrica si ottiene una nuova equazione equivalente a quella data.</td><td>$2x + 3 = 1$
$3(2x + 3) = 3 \cdot 1$</td></tr>
<tr><td>• regola del trasporto</td><td>In un'equazione è possibile il trasporto di un termine da un membro all'altro purché lo si cambi di segno; l'equazione così ottenuta è equivalente a quella data.</td><td>$2x + 3 = 1$
$2x = 1 - 3$</td></tr>
<tr><td>• eliminazione dei termini uguali</td><td>Se in entrambi i membri di un'equazione sono presenti termini uguali, tali termini si possono eliminare; l'equazione così ottenuta è equivalente a quella data.</td><td>$2x + 3 - 4x = 4x + 3$
$2x = x$</td></tr>
<tr><td>• cambiamento di segno</td><td>Se si cambiano di segno tutti i termini dei due membri di un'equazione si ottiene una equazione equivalente a quella data.</td><td></td></tr>
<tr><td>• semplificazione dei fattori comuni</td><td>Se tutti i termini di un'equazione presentano un fattore comune non nullo, allora tale fattore si può semplificare ottenendo un'equazione equivalente a quella data.</td><td></td></tr>
<tr><td>• riduzione a denominatore comune</td><td>Se nell'equazione compaiono delle frazioni, si può calcolare il m.c.m. tra i numeri presenti al denominatore, riducendo quindi tutte le frazioni a uno stesso denominatore.</td><td></td></tr>
<tr><td>Equazioni intere</td><td colspan="2">Un'equazione si dice intera se l'incognita compare solamente al numeratore delle frazioni eventualmente presenti.</td><td>$x^2 + x - 2 = \frac{2}{3}$</td></tr>
</table>

Equazione lineare	Un'equazione intera si dice lineare se è di primo grado e assume la forma normale $ax = b$.	$2x = 3$
	• **determinata** se $a \neq 0$ la soluzione è data da $x = \frac{b}{a}$. • **indeterminata** se $a = 0$ e $b = 0$ l'equazione si riduce ad una identità. • **impossibile** se $a = 0$ e $b \neq 0$ l'equazione non ha soluzioni.	$2x + 1 = 0 \quad x = -\frac{1}{2}$ $0x = 0$ $0x = 1$
Risoluzione di una equazione lineare intera	Per risolvere un'equazione lineare intera si applicano i principi di equivalenza.	$12x + 3 = 4x - 5$ applico la regola del trasporto $12x - 4x = -3 - 5$ addiziono i termini simili: $8x = -8$ applico il secondo principio di equivalenza $x = -1$ ottengo la soluzione
Equazione razionale frazionaria	Un'equazione si dice frazionaria o fratta se l'incognita compare almeno in un denominatore delle frazioni presenti.	$\frac{x+1}{x-2} = 2x + 1$
	Per **risolvere un'equazione razionale frazionaria** si procede così: *a*) si determinano i valori dell'incognita per i quali si annulla almeno uno dei denominatori presenti nell'equazione: tali valori non appartengono al dominio dell'equazione; *b*) si risolve l'equazione; *c*) si confronta l'insieme delle soluzioni con le condizioni stabilite al punto (*a*) e si accettano solo le soluzioni appartenenti al dominio dell'equazione.	Consideriamo la seguente equazione razionale fratta: $\frac{4}{x+1} = 2$ C.E.: $x \neq -1 \quad D = \mathbb{Q} - \{-1\}$ Risolviamo ora l'equazione: $\frac{4}{x+1} = \frac{2(x+1)}{x+1} \Rightarrow$ $\cancel{(x+1)}\,\frac{4}{\cancel{x+1}} = \cancel{(x+1)} \cdot \frac{2(x+1)}{\cancel{x+1}}$ $4 = 2x + 2; \quad x = 1$ La soluzione $x = 1$ è accettabile perché appartiene al dominio dell'equazione.
Equazione letterale	Un'equazione si dice letterale o parametrica se sono presenti altre lettere oltre l'incognita.	$a(a+2)x = \frac{2a+4}{a-1}$ con $a \in \mathbb{Q}$
	Per **risolvere un'equazione letterale** bisogna eseguire la discussione, cioè si individuano i valori dei parametri per i quali l'equazione risulta determinata, indeterminata, impossibile o perde significato. Quindi: • si scrive l'equazione in forma normale ($ax = b$); • si determinano le condizioni di esistenza rispetto al parametro; • l'equazione **perde significato** per i valori del parametro che annullano i denominatori eventualmente presenti nell'equazione; • l'equazione risulta **determinata** per tutti i valori del parametro tali che $a \neq 0$; • l'equazione risulta **impossibile** per i valori del parametro tali che $a \neq 0$ e $b \neq 0$; • l'equazione risulta **indeterminata** per i valori del parametro tali che $a = 0$ e $b = 0$.	Consideriamo l'equazione letterale $k^2x - 4k^2 - 36 = 3kx - 24k$ con $k \in \mathbb{Q}$ Poniamo l'equazione in forma normale e risolviamo $k(k-3)x = 4(k-3)^2$ I valori del parametro che annullano il coefficiente dell'incognita sono: $k(k-3) = 0 \Rightarrow k = 0$ e $k = 3$ Per $k \neq 0$ e $k \neq 3$ l'equazione è determinata e la soluzione è data da: $x = \frac{4(k-3)^2}{k(k-3)}; x = \frac{4(k-3)}{k}$ Se $k = 0$ l'equazione diventa $x \cdot 0 = 36$ l'equazione è impossibile. Se $k = 3$ l'equazione diventa $x \cdot 0 = 0$ l'equazione è indeterminata.

ESERCIZI

Le equazioni

Completa le tabelle e stabilisci quali uguaglianze sono identità.

1. * $3x + 7 = 3(x + 2) + 1$.

Valore della variabile	Calcolo del I membro (A)	Calcolo del II membro (B)	Risultato di A	Risultato di B	$A = B$? (sì/no)
$x = -2$	$3 \cdot (-2) + 7$	$3(-2+2) + 1$	1	1	sì
$x = \ldots$					
$x = \ldots$					
$x = \ldots$					
$x = \ldots$					
$x = \ldots$					
È un'identità? ☐ sì ☐ no					

2. * $14 - 2x = 5x$.

Valore della variabile	Calcolo del I membro (A)	Calcolo del II membro (B)	Risultato di A	Risultato di B	$A = B$? (sì/no)
$x = \ldots$					
$x = \ldots$					
$x = \ldots$					
$x = \ldots$					
$x = \ldots$					
È un'identità? ☐ sì ☐ no					

3. ** $(x + 2)^2 - x(x - 1) = 4 - 3x$.

Valore della variabile	Calcolo del I membro (A)	Calcolo del II membro (B)	Risultato di A	Risultato di B	$A = B$? (sì/no)
$x = \ldots$					
$x = \ldots$					
$x = \ldots$					
$x = \ldots$					
È un'identità? ☐ sì ☐ no					

4. *** **Quale delle seguenti uguaglianze è un'identità?**

a) $(x - 2)^3 + 6x(x - 2) = x^3 - 8$; *b)* $(x + 1)(x^2 - x + 1) + 3x = (x + 1)^3$.

Negli esercizi che seguono scegli per ciascuna equazione la sua soluzione tra quelle proposte a fianco.

5. * $\frac{16}{21} - \frac{2}{3}x = \frac{4}{3} - \frac{5}{7}x$ $\quad x = 7$; $x = 12$; $x = 15$.

6. * $5x - 2 = \frac{x + 2}{2}$ $\quad x = -1$; $x = \frac{2}{3}$; $x = \frac{3}{2}$.

7. * $x^2 + 3x - 4 = (2x - 1)^2 - 5$ $\quad x = 0$; $x = 1$; $x = -1$.

8. * $(2x + 4)(3x + 1) = x(6x + 7)$ $\quad x = -\frac{4}{7}$; $x = \frac{3}{4}$; $x = \frac{4}{7}$.

Classifica le equazioni dei seguenti esercizi (razionali/irrazionali, intere/frazionarie).

9. * *a)* $x(x+2)-(x^3+5)^2=1$; *b)* $x+1=\frac{1}{4}x+\frac{5}{2}$; *c)* $\frac{x}{2}+8x-1=\left(\frac{1}{3}x+5\right)^2$.

10. * *a)* $3x-\frac{x+1}{x^2-4}=\frac{2}{x+1}$; *b)* $3+\frac{1}{x}=\frac{1}{5}$; *c)* $8+\sqrt{7}x+21x=\frac{6-x}{1-x^2}$.

11. * *a)* $\sqrt{x^3-4}+5x=\frac{1}{3}x$; *b)* $\frac{6}{7}x+\sqrt{\frac{3x}{x+5}}=x-4$; *c)* $\sqrt{2}x+\frac{2}{3}\sqrt[3]{\frac{x+1}{2}}=1$.

I principi di equivalenza

12. * **Completa la seguente tabella.**

1ª equazione	Soluzione	2ª equazione	Soluzione	Sono equivalenti?	
				Sì	No
$3x-3=5x-1$	$x=-1$	$-2x-3=-x-4$	$x=+1$		
$-4-x=+2x+8$	$x=-4$	$8x+28=-x-8$	$x=-4$		
$-x+7=-2$	$x=+9$	$-4x+7=-2-3x$	$x=+9$		
$-8x+4=-6+7x$	$x=+\frac{2}{3}$	$5x-7=-4+3x$	$x=+\frac{3}{2}$		

13. * **Vero o Falso?**

		V	F
a)	Se in un'equazione si cambia il segno ai termini negativi si ottiene un'equazione equivalente a quella data.	☐	☐
b)	Se ai due membri di un'equazione si addiziona uno stesso numero, si ottiene un'equazione equivalente a quella data.	☐	☐
c)	Moltiplicando per uno stesso numero tutti i termini del primo membro di un'equazione e per il suo inverso tutti i termini del secondo membro, si ottiene un'equazione equivalente a quella data.	☐	☐
d)	Se si trasporta un termine da un membro all'altro di un'equazione, l'equazione non cambia.	☐	☐
e)	Un termine uguale presente in entrambi i membri di un'equazione, può essere eliminato.	☐	☐

Negli esercizi che seguono verifica se in ogni equazione sono stati trasportati i termini da un membro all'altro in modo corretto; se ci sono degli errori correggili.

14. ** $8x+7=-3x+5$; $8x+3x=-7+5$.

15. ** $-3x+1+9=-5+3x-1$; $-3x-3x=+1+9-5-1$.

16. ** $-\frac{1}{2}+\frac{3}{4}x+5=-7+\frac{3}{4}-2x$; $+\frac{3}{4}x+2x=-\frac{1}{2}-5-7+\frac{3}{4}$.

17. ** $-8-\frac{13}{2}x=-\frac{1}{2}x-4$; $-\frac{1}{2}x+\frac{13}{2}x=-4-8$.

18. ** $-\frac{9}{5}+\frac{7}{3}x+\frac{4}{5}=-\frac{1}{3}x$; $-\frac{1}{3}x+\frac{7}{3}x=+\frac{9}{5}+\frac{4}{5}$.

Negli esercizi che seguono trasforma ogni equazione in un'altra equivalente in modo che l'equazione risulti in forma normale.

19. ** *a)* $\frac{1}{3}x + 2 = -\frac{1}{4}x + 5$; *b)* $-3 + \frac{1}{3}x - 4 = -\frac{1}{9}x$.

20. ** *a)* $\frac{5}{4} - 3x = -x + \frac{9}{8} + \frac{5}{3}x$; *b)* $\frac{7}{2}x - \frac{3}{5} = -\frac{5}{3} - \frac{7}{2}x + \frac{4}{5}$.

21. ** *a)* $-\frac{20}{9} = -\frac{7}{4}x - 6 + \frac{1}{10}x - \frac{1}{2}$; *b)* $-1 + \frac{1}{2}x = -\frac{1}{6}x + 4 + \frac{11}{6}x$.

22. ** **Completa la seguente tabella.**

1ª equazione	2ª equazione	Principio applicato
$\frac{1}{2} - 4x - 6 = -\frac{3}{4}x + 1$	$\frac{3}{8} - 3x - \frac{9}{2} = -\frac{9}{16}x + \frac{3}{4}$	
$\frac{3}{2}x + 1 = -\frac{1}{2} + 3x$	$\frac{3}{2}x + 1 + 4x = -\frac{1}{2} + 3x + 4x$	
$-15x + 2 = -\frac{1}{2}x - 3$	$-5x + \frac{3}{2} = -\frac{1}{6}x - 1$	
$-8 + 2x = -6 + 3x$	$-8 + 2x - 3 + x = -6 + 3x - 3 + x$	
$-10x + 1 - 6x = 3$	$-5x + \frac{1}{2} - 3x = \frac{3}{2}$	

23. ** **Data l'equazione: $3x + 2 = 6 - 4x$**

stabilisci se le seguenti equazioni sono equivalenti a quella data; se non lo sono modificale in modo che risultino equivalenti.

a) $6x + 4 = 12 - 4x$; *b)* $x + \frac{2}{3} = 2 - \frac{4}{3}x$; *c)* $-9x + 2 = -18 + 12x$;

d) $\frac{15}{2}x + \frac{5}{2} = 15 - 10x$; *e)* $-\frac{9}{2}x - 3 = -9 - 6x$; *f)* $3x - \frac{1}{2} = -\frac{3}{2} + x$.

24. *** **Individua per quale numero vengono moltiplicati o divisi i termini di ciascuna equazione della prima colonna per ottenere quella equivalente della seconda.**

$12x - 8 = -4x - 6$ Divido per ... → $-9x + 6 = +3x + \frac{9}{2}$;

$-7 + 2x - \frac{3}{2} = 4x - \frac{1}{2}$ Moltiplico per ... → $+\frac{28}{3} - \frac{8}{3}x + 2 = -\frac{16}{3}x + \frac{2}{3}$;

$-\frac{2}{5}x - \frac{1}{10}x - 3 = -\frac{1}{15}x$ Moltiplico per ... → $+\frac{2}{3}x + \frac{1}{6}x + 5 = +\frac{1}{9}x$;

$-\frac{4}{3} - \frac{1}{2}x = -2 + \frac{1}{6}x - 4$ Divido per ... → $+4 + \frac{3}{2}x = +6 - \frac{1}{2}x + 12$.

25. *** **Collega ogni equazione della prima colonna all'equazione equivalente della seconda colonna e al principio applicato nella trasformazione.**

$4x - 2 = 6 + 8x$	$4x + 4 = + 8x - 2$	1° principio di equivalenza
$6x + 3 = - 5 + 10x$	$4x = 8 + 8x$	
$- 2x - 2 = - 4x + 1$	$4x + 3 = - 5 + 8x$	2° principio di equivalenza
$-\frac{4}{3}x - 1 = +\frac{8}{3}x - 4$	$4x + 3 = - 8x + 12$	

26. *** **Collega ogni equazione della prima colonna all'equazione equivalente della seconda colonna e questa all'equazione equivalente della terza.**

1ª colonna	2ª colonna	3ª colonna
$- 5 + 3x + 2 = - 9 + 6x$	$- 5 + 2x = - 5x - 3$	$- 8 + 3x = - 4x - 6$
$+ 2 - 3x = - 5 + 4x$	$- 8 + 3x - 1 = - 12 + 6x$	$4 - 5x = + 10 \; 7x$
$- 1 - 4x = - 2x + 4$	$- 4 - 6x = + 10 - 8x$	$-\frac{1}{2} - \frac{1}{2}x = -\frac{1}{4}x + \frac{1}{8}$
$-\frac{5}{6} + \frac{1}{3}x = -\frac{5}{6}x - \frac{1}{2}$	$- 4 - 4x = - 2x + 1$	$-4 + \frac{3}{2}x - \frac{1}{2} = -6 + 3x$

Come sono le equazioni della prima e della terza colonna? ....

Negli esercizi che seguono dividi tutti i termini di ciascuna equazione per il loro massimo comune divisore.

27. ** *a)* $18x - 10 = - 4x + 8$; *b)* $- 27x - 18 = + 6 - 12x$.

28. ** *a)* $- 10x + 25 = - 30x + 45$; *b)* $+ 22x - 33 = 121 - 44x$.

29. ** *a)* $49x - 56 = - 77x + 42$; *b)* $- 144 + 24x = - 36 + 84x - 60$.

Come sono le equazioni che ottieni rispetto a quelle date? ....

Nei seguenti esercizi scrivi le equazioni, equivalenti a quelle date, prive di denominatori.

30. *** *a)* $\frac{1}{7}x + \frac{1}{3} - 2x = -\frac{4}{6}x + 1$; *b)* $-\frac{1}{6}x + 3x = -\frac{1}{9}x + \frac{5}{2} - x$.

31. *** *a)* $\frac{5}{4} + \frac{2}{3}x - \frac{1}{2} = -\frac{3}{5}x + \frac{2}{3}$; *b)* $-\frac{5}{6} + \frac{1}{3}x - \frac{1}{6} = -\frac{5}{2}x + \frac{7}{9}$.

32. *** *a)* $-\frac{6}{5}x - \frac{1}{10} + \frac{3}{2}x = -\frac{1}{4}x + \frac{7}{2}$; *b)* $\frac{7}{4}x - \frac{5}{6} = -\frac{1}{2}x + \frac{5}{9} - \frac{1}{6}x$.

Nei seguenti esercizi scrivi in forma normale e stabilisci il grado delle seguenti equazioni.

33. * *a)* $3x + 4x^2 = (x + 1)^2 - 3$; *b)* $\frac{7}{3}x^3 + 6x = \frac{2}{3}(x^2 - 2)^2$.

34. * *a)* $(3x - 2)^2 - 5x(x - 1) - x = 9(1 - x)$; *b)* $5y + (y - 4)^3 = (y - 1)(y^2 + 2y + 6)$.

35. * *a)* $\frac{v-2}{2}\left(\frac{v+1}{3} - \frac{v-1}{2}\right) = \frac{3v}{2} - \frac{7+v^2}{12}$; *b)* $(x + 2)(x - 2) + 5x = (4 - 3x)^2 + 2$.

Le equazioni razionali numeriche intere lineari

Risolvi le seguenti equazioni indicando i principi di equivalenza utilizzati, ed eseguine la verifica.

36. * $3x = 6$ [2, II]

37. * $7x = 21$ [3, II]

38. * $25x = 5$ $\left[\frac{1}{5}, \text{II}\right]$

39. * $3x = -2$ $\left[-\frac{2}{3}, \text{II}\right]$

40. * $x + 2 = 3.$ [1, I]

41. * $x - 6 = 1$ [7, I]

42. * $2 - x = -4$ [6, I, II]

43. * $7 = x + 1$ [6, I, II]

44. * $2x + 3 = 5$ [1, I, II]

45. * $4 + 3x = -8$ [−4, I, II]

46. * $6 - 5x = 2$ $\left[\frac{4}{5}, \text{I, II}\right]$

47. * $12 = 7x - 2$ [2, I, II]

Esercizi svolti

48. Risolvi l'equazione: $7x + 5(x - 1) = 2x + 3.$
È un'equazione razionale numerica intera.
Svolgi i calcoli e ottieni: $7x + 5x - 5 = 2x + 3$
Applicando la regola del trasporto e riducendo i termini simili ottieni:

$$7x + 5x - 2x = 5 + 3 \Rightarrow 10x = 8$$

Essendo $a \neq 0$ l'equazione è **determinata**. Applicando il secondo principio di equivalenza, cioè dividendo entrambi i membri per 10, ottieni:

$$\frac{10x}{10} = \frac{8}{10} \quad \text{per cui la soluzione è:} \quad x = \frac{4}{5}.$$

49. Risolvi l'equazione: $4x + 6(x - 2) = 5(2x + 4).$
È un'equazione razionale numerica intera. Svolgi i calcoli e scrivila in forma normale.

$$4x + 6x - 12 = 10x + 20 \Rightarrow 4x + 6x - 10x = 12 + 20 \Rightarrow 0x = 32$$

Essendo $a = 0$ e $b \neq 0$, l'equazione è **impossibile**.

50. Risolvi l'equazione: $3 - 5x + 4(2x - 3) = 2(x - 2) + x - 5.$
È un'equazione razionale numerica intera. Svolgi i calcoli e scrivila in forma normale.

$$3 - 5x + 8x - 12 = 2x - 4 + x - 5 \Rightarrow -5x + 8x - 2x - x = -3 + 12 - 4 - 5 \Rightarrow 0x = 0$$

Essendo $a = 0$ e $b = 0$, l'equazione è **indeterminata**.

Risolvi le seguenti equazioni a coefficienti interi seguendo il procedimento indicato negli esercizi svolti.

51. * $5(x - 2) = 0$ [2]

52. * $3x - (x + 10) = x + 6$ [16]

53. * $2x + 3 - 4(x + 5) = 3 - 2(x + 1)$ [impossibile]

54. * $2(x + 4) - x(x - 2) = (x + 5)(3 - x)$ $\left[\frac{7}{6}\right]$

55. * $6(x^2 - 3) = 5 + 6x(x - 1)$ $\left[\frac{23}{6}\right]$

56. * $x(10x-7)=(5x+3)(2x-5)$ $\left[-\frac{5}{4}\right]$

57. * $3(4x-1)=4(3x+2)$ [impossibile]

58. ** $(x-2)^2+3x=(x+1)^2-5$ $\left[\frac{8}{3}\right]$

59. ** $5x=x^2+1-(x-2)(x+2)$ [1]

60. ** $x^2+3x+7=(x+2)^2+3(x+1)$ [0]

61. ** $5(x+4)-3(x+2)^2+x(3x-1)=4(3-2x)-4$ [indeterminata]

62. ** $15(3+x)-6(3x-1)-7(1-x)=3(2-3x)-1$ [−3]

63. ** $x-[2x+1-2x(x-4)+(x+1)(x-6)]=-x(9-x)+2$ $\left[-\frac{3}{5}\right]$

64. *** $(x-1)^3+3+15(x-6)(x+6)+7x^3=(2x+1)^3-8x+16$ [111]

65. *** $42x-(2x+3)^3+2x(2x+6)^2=3+12x^2$ $\left[\frac{1}{2}\right]$

66. *** $[x-(4x-1)(4x+1)+14](x+4)=(2-3x)(9x^2+6x+4)+11x^3+x(x+3)-(8x-1)^2$ [impossibile]

67. *** $(1-x)(1+x)(1+x^2)-x(1-4x)=-3x+4+7(2-x)-(x^2-2)^2$ $\left[\frac{13}{9}\right]$

68. *** $3x(x-4)+5x-9=6x-3(x+4)(4-x)$ [3]

69. *** $(3-x)^2-(3x-2)^2=8(x-1)(1-x)$ $\left[\frac{13}{10}\right]$

70. *** $(1+x)^3+(x+3)(1-x)(x+1)+(3-2x)^2=x(4x+5)$ [1]

71.

Esercizio svolto

Risolvi l'equazione: $2x+\frac{1}{2}+\frac{x-3}{5}=\frac{x-2}{10}$.

Utilizzando il m.c.m., riduci tutti i termini al minimo comune denominatore e svolgi i calcoli fino a portare l'equazione in forma normale:

m.c.m. (2; 5; 10) = 10

$\frac{20x+5+2(x-3)}{10}=\frac{x-2}{10}$; $\quad \cancel{10}\cdot\frac{20x+5+2(x-3)}{\cancel{10}}=\frac{x-2}{\cancel{10}}\cdot\cancel{10}$;

$20x+5+2x-6=x-2$; $\quad 20x+2x-x=-5+6-2$; $\quad 21x=-1$;

questa è un'equazione lineare, procedi quindi alla risoluzione:

$\frac{21x}{21}=-\frac{1}{21}$; $\quad x=-\frac{1}{21}$.

La soluzione dell'equazione data è: $x=-\frac{1}{21}$.

Risolvi le seguenti equazioni a coefficienti frazionari.

72. * $x - \frac{1}{3} + \frac{2}{3}x = 2x + \frac{1}{3}$ [−2]

73. * $\frac{1}{2}x + 3 = \frac{5}{2} + 6x$ $\left[\frac{1}{11}\right]$

74. * $\frac{3}{2} + 2x = \frac{4}{3}x - 5$ $\left[-\frac{39}{4}\right]$

75. * $\frac{2}{3}x - 2 = \frac{2}{3} + \frac{7}{3}x + \frac{9}{2}$ $\left[-\frac{43}{10}\right]$

76. * $\frac{x-1}{2} = \frac{x+2}{3}$ [7]

77. * $\frac{x+4}{3} - \frac{x}{2} = 1$ [2]

78. * $\frac{3x+1}{7} - \frac{4x-3}{2} = \frac{3}{2}$ $\left[\frac{1}{11}\right]$

79. * $2x - \frac{3-x}{2} - 1 = \frac{5x-2}{3}$ $\left[\frac{11}{5}\right]$

80. * $8x - \frac{x+4}{2} = \frac{2-3x}{5} + 3$ $\left[\frac{2}{3}\right]$

81. * $2\left(\frac{x}{3} - \frac{1}{6}\right) - \frac{1}{8} = \left(\frac{x}{2} - \frac{1}{4}\right)$ $\left[\frac{5}{4}\right]$

82. * $\frac{x+2}{3} - \frac{x-3}{6} = x - \frac{5-2x}{9}$ $\left[\frac{31}{19}\right]$

83. ** $x - \left(x - \frac{1}{2}\right)\left(x + \frac{1}{2}\right) = \frac{3}{2}x + x\left(\frac{1}{2} - x\right)$ $\left[\frac{1}{4}\right]$

84. ** $\frac{x}{7} + x\left(1 - \frac{x}{7}\right) = \frac{1}{7}(1-x)(1+x) + 2x$ $\left[-\frac{1}{6}\right]$

85. ** $\frac{1}{4} + \frac{3}{4}(x-1) = \frac{3}{5}(2x-3) + \frac{6}{5}$ $\left[\frac{2}{9}\right]$

86. ** $4x + 1 - \frac{x-1}{10} = 2x + \frac{1}{2} - \frac{x-3}{5}$ [0]

87. ** $\frac{x-1}{3} - \frac{2+x}{12} = \frac{x-3}{4}$ [impossibile]

88. ** $2y - \frac{1}{2} + \frac{2}{3}(y+1) = \frac{13}{6} - \frac{y+4}{2}$ [0]

89. ** $\frac{1}{2}y + 2y + \frac{3}{4} = \frac{y+1}{2} - \frac{15}{4}$ [−2]

90. ** $\frac{3}{4}t + 1 - \frac{t-1}{12} = \frac{7-2t}{8}$ $\left[-\frac{5}{22}\right]$

91. ** $\left(x - \frac{1}{3}\right)\left(\frac{1}{3} + x\right) - 3x + 1 = \left(\frac{3x-1}{3}\right)^2$ $\left[\frac{1}{3}\right]$

92. ** $\frac{(x-2)^2}{3} - \frac{(x+2)^2}{2} = 2x - \frac{x^2}{6}$ $\left[-\frac{1}{8}\right]$

93. ** $\frac{x(x-4)}{5} + \frac{3x+1}{3} = x + \frac{(3+x)(x-3)}{5}$ $\left[\frac{8}{3}\right]$

94. ** $\frac{x(8x-1)}{4} + \frac{x(x-2)^2}{2} - \frac{x^3}{2} = x + \frac{3}{4}$ [1]

95. ** $\frac{5}{4}\left(5x - 4 - \frac{x-1}{6}\right) = \frac{3}{2}(2x+7) + \frac{1}{4}\left(\frac{5x-7}{2} - 2x\right) - 1$ $\left[\frac{23}{5}\right]$

96. ** $\frac{1-6x}{8} + \frac{7}{2}x + \frac{3-5x}{2} = \frac{3}{2} + \frac{2x-5}{24}$ [−2]

97. ** $\frac{2}{3}\left(-x + \frac{20+3x}{5}\right) = \frac{8x+7}{3} - 3x$ [−5]

98. ** $\frac{x(x+5)}{2} + \frac{3}{4}x + 7 = \frac{1+(1+4x)(x+3)}{8}$ [−4]

99. *** $\frac{1}{4}\left[3(x-1) - \frac{2}{3}(x+2)^2\right] = \frac{1}{6}\left[2x + 5 - (x+3)^2\right]$ [1]

100. *** $\frac{2}{15} - \left[\left(\frac{1}{4} - \frac{x-20}{5}\right) - \left(\frac{1}{2} + \frac{2x+5}{4} + \frac{4}{15}\right)\right] = 0$ [3]

101. *** $4\left[\frac{5}{3}\left(\frac{8x-1}{10} + \frac{1}{4}\right) - \left(\frac{x}{4} - \frac{8+x}{10}\right)\right] = \frac{x-2}{3} + \frac{x+3}{15}$ $\left[-\frac{14}{13}\right]$

102. *** $\frac{4}{3}\left[3x + 2 - \frac{3}{2}(x+1)\right]^2 = x(3x-2) + \frac{1}{3}(1+4x)$ [0]

103. *** $\frac{7}{3}\left[(x-2)^2 - (x-5)^2\right] - \frac{1}{4}(1-x) - 21x - (x-7)(x+7) = \frac{3}{4} - x(x+7)$ [4]

104. *** $\left(\frac{x+2}{4}\right)^2 - \frac{1}{2}(x+1) = \frac{1}{2}(x-9) + \frac{(x+2)^2}{16} - x + 4$ [indeterminata]

105. *** $\left(x - \frac{1}{5}\right)^2 + 2\left(x - \frac{1}{5}\right)\left(x + \frac{1}{5}\right) + \left(x + \frac{1}{5}\right)^2 = (2x+3)^2 - 6x$ $\left[-\frac{3}{2}\right]$

106. *** $\frac{1}{18}\left(\frac{3}{2}x-2\right)^2=\frac{3}{8}x\left[\frac{5}{6}x-\frac{1}{2}(x+5)\right]$ $\left[-\frac{32}{87}\right]$

107. *** $\frac{1}{2}\left[\frac{x^2}{2}-(3x+2)\right]^2+x^2=\frac{x^2}{2}\left(3-\frac{x}{2}\right)^2+2$ [0]

108. *** $\left(\frac{1}{2}x+1\right)^3-\frac{1}{4}(2x+3)=\frac{1}{4}x(5x+2)+\left(\frac{1}{2}x-\frac{2}{3}\right)^3$ $\left[\frac{59}{18}\right]$

109. *** $x\left[\left(\frac{1}{3}+x\right)^3-\left(x^3+\frac{1}{27}\right)-\frac{1}{3}\left(x+\frac{1}{12}\right)-\left(x+\frac{1}{6}\right)\left(x-\frac{1}{6}\right)\right]=10$ [impossibile]

110. *** $(1-x)\left(\frac{x}{2}-1\right)+\frac{1}{8}(2x-4)^2=-\frac{11}{14}x-\frac{8-7x}{7}$ [3]

111. *** $\left(3x-\frac{1}{2}\right)^3-27x\left(x+\frac{1}{4}\right)^2=\frac{5}{4}\left(x-\frac{3}{2}\right)-27x^2$ $\left[\frac{28}{11}\right]$

112. *** $x-\frac{3}{2}+\frac{8-5x}{6}-\frac{(x-1)^2}{4}+\frac{1}{6}\left[\frac{7}{3}x-\frac{2}{3}(3+2x)\right]^2=\frac{1}{6}-\frac{x^2}{12}$ [impossibile]

113. *** $\frac{(1+2x)(4x-3)}{4}-\frac{x(2x+1)^2}{2}+\frac{(2x-1)^3}{4}=\frac{3}{2}x(1-2x)$ [−1]

114.

Esercizio svolto

Considera la seguente equazione: $0{,}25x+0{,}8=0{,}3$. Questa equazione lineare ha per coefficienti numeri decimali; per risolverla puoi utilizzare due metodi.

1° metodo
Si trasformano i numeri decimali nelle loro frazioni generatrici cioè:

$\frac{25}{100}x+\frac{8}{10}=\frac{3}{10}$ e si risolve come le equazioni degli esercizi precedenti:

$\frac{1}{4}x+\frac{4}{5}=\frac{3}{10}, \quad \frac{5x+16}{20}=\frac{6}{20}, \quad 5x=6-16, \quad 5x=-10, \quad x=-2.$

2° metodo
Si considera il numero con più cifre decimali, si contano queste ultime e, usando il secondo principio di equivalenza, si moltiplicano entrambi i membri dell'equazione per 1 seguito da tanti zeri quante sono le cifre decimali in numero massimo. In questo caso al massimo le cifre decimali sono due quindi devi moltiplicare entrambi i membri per 100.

$100(0{,}25x+0{,}8)=100(0{,}3), \quad 25x+80=30, \quad 25x=30-80, \quad 25x=-50, \quad x=-2.$

Rifletti: se i coefficienti dell'equazione sono numeri periodici, devi utilizzare il 1° metodo, cioè devi necessariamente trasformarli in frazioni.

Seguendo le indicazioni dell'esercizio svolto, risolvi le seguenti equazioni.

115. * $0{,}3(x-2)+0{,}2=0{,}5$ [3]

116. * $x-0{,}07=0{,}2x+0{,}09$ $\left[\frac{1}{5}\right]$

117. * $0{,}2\,(x+1) = 0{,}1x + 0{,}3$ [1]

118. ** $0{,}6\,(0{,}3 + x) - 0{,}4 = x + 1 - 0{,}5x$ $\left[\dfrac{61}{5}\right]$

119. ** $0{,}16\,(3x - 4) - 1{,}2 = 0{,}6\,(x + 6) - 1$ [−37]

120. ** $0{,}017x - 0{,}09 = 0{,}023x + 0{,}3$ [−65]

121. *** $0{,}01\,(3x + 2) - 0{,}002 = 0{,}12x - 0{,}009$ $\left[\dfrac{3}{10}\right]$

122. *** $0{,}024\,(1 - x) - 0{,}03\,(0{,}6x + 0{,}9) = 0{,}033$ $\left[-\dfrac{6}{7}\right]$

123. *** $0{,}006x - 0{,}3\,(0{,}01x + 0{,}03) - 0{,}024 = 0{,}02\,(0{,}1 - 0{,}1x)$ [7]

124. * $0{,}\overline{7}x + 0{,}\overline{3} = 1$ $\left[\dfrac{6}{7}\right]$

125. * $0{,}\overline{2} - 0{,}\overline{4}x = 2$ [−4]

126. ** $1{,}\overline{6}x + 3{,}\overline{1} = 2{,}\overline{7}x$ $\left[\dfrac{14}{5}\right]$

127. ** $(1{,}8 : 1{,}\overline{3})\,x + 1 - 0{,}4 = 0$ $\left[-\dfrac{4}{9}\right]$

128. *** $(1{,}\overline{6} - 0{,}\overline{5})\,x + 0{,}\overline{6} = \dfrac{2}{3} + 0{,}\overline{63}$ $\left[\dfrac{63}{110}\right]$

129. *** $\left(0{,}\overline{5} + \dfrac{4}{9}\right)x - x\,(1 - 2{,}1\overline{3}) = 0{,}25$ $\left[\dfrac{15}{128}\right]$

130.

Esercizio svolto

Risolvi la seguente equazione nell'insieme $\mathbb{Z}$: $\dfrac{3}{4}x + \dfrac{1}{2} = 6x + 1$.

Il quesito proposto ti chiede di risolvere l'equazione e di accettare la soluzione solo se questa è un numero intero. Risolvi l'equazione: $\dfrac{3x+2}{4} = \dfrac{24x+4}{4}$; $\quad -21x = 2$; $\quad x = -\dfrac{2}{21}$.

Poiché la soluzione trovata non è un numero intero, l'equazione in $\mathbb{Z}$ è impossibile.

Risolvi le seguenti equazioni negli insiemi a fianco indicati e giustifica il risultato.

131. * $3\,(2x - 7) + 6 = 2x - 11$ in $\mathbb{N}$ [1]

132. * $\dfrac{x+1}{2} - \dfrac{2x+5}{3} = x - 4$ in $\mathbb{Z}$ [impossibile]

133. * $x + 2 + \dfrac{2x-1}{4} = 6 - x + \dfrac{3}{4}$ in $\mathbb{N}$ [2]

134. ∗ $(x-2)(x+3)+3x-5=(x+1)^2$ in $\mathbb{Z}$ [6]

135. ∗∗ $(x-2)(x+2)-4x+\frac{5}{2}=(x+3)^2-\frac{x+1}{2}$ in $\mathbb{Q}$ $\left[-\frac{20}{19}\right]$

136. ∗∗ $3(4x+1)-5=2x-\frac{x+7}{2}$ in $\mathbb{N}$ [impossibile]

137. ∗∗ $\frac{15-11x}{3}=\frac{x-6}{2}-\frac{1}{2}$ in $\mathbb{Q}$ $\left[\frac{51}{25}\right]$

138. ∗∗ $\left(\frac{1}{3}x+2\right)^2-\frac{2x+3}{6}=\frac{1}{9}x(x-4)$ in $\mathbb{Q}$ $\left[-\frac{63}{26}\right]$

139. ∗∗ $x-2-\frac{x-3}{2}+2x-\frac{5}{3}(x+1)=\frac{x-6}{4}$ in $\mathbb{Z}$ [impossibile]

140. ∗∗ $3x-\frac{2}{3}(1+4x)=3x+\frac{3+4x}{6}$ in $\mathbb{Q}$ $\left[-\frac{7}{20}\right]$

141. ∗∗ $\frac{(6+x)^2}{9}-\frac{1}{9}(x-3)^2=-x-2+\frac{4x+5}{3}$ in $\mathbb{N}$ [impossibile]

142. ∗∗ $-x+3-\frac{x+2}{2}=2-2x+\frac{7}{5}x$ in $\mathbb{Z}$ [0]

Traduci i seguenti quesiti in equazioni e risolvi.

143. ∗∗ Determina per quali valori di x il polinomio $P(x)=7x-2(x-2)$ è uguale al polinomio $Q(x)=3x-12$. [−8]

144. ∗∗ Determina per quali valori di x il polinomio $P(x)=\frac{x-2}{3}+2$ è il quadruplo del polinomio $Q(x)=\frac{2-x}{2}+\frac{x-3}{3}$. $\left[-\frac{4}{3}\right]$

145. ∗∗ **Dati i due polinomi $P(x)=3(x+2)-4$ e $Q(x)=\frac{1}{2}(3x+4)$ determina per quali valori di x si ha che:**

a) i due polinomi sono uguali; *b)* $P(x)$ è il quintuplo di $Q(x)$;
c) $Q(x)$ è la terza parte di $P(x)$. $\left[0;\ -\frac{16}{9};\ -\frac{8}{3}\right]$

146. ∗∗∗ **Dati i due polinomi $P(x)=\frac{3}{2}-\frac{x+3}{4}$ e $Q(x)=2-\frac{x-4}{8}+\frac{x-1}{2}$ determina per quali valori di x si ha che:**

a) $P(x)$ è la metà di $Q(x)$; *b)* $P(x)$ è uguale alla differenza tra $Q(x)$ e $\frac{3}{4}$;

c) $Q(x)$ è il triplo di $P(x)$. $\left[-\frac{4}{7};\ -\frac{4}{5};\ \frac{2}{9}\right]$

147.

Esercizio svolto

Le equazioni possono essere utili anche per risolvere le proporzioni. Vediamo un esempio.
Determina il valore del termine incognito della seguente proporzione:
$2:4 = (x-2):6$
Per rispondere al quesito basta applicare la proprietà fondamentale delle proporzioni, cioè uguagliare il prodotto dei medi al prodotto degli estremi.
$4 \cdot (x-2) = 2 \cdot 6;\quad 4x - 8 = 12;\quad 4x = 20;\quad x = 5.$
Il valore del termine incognito della proporzione è 5.

Determina il valore del termine incognito nelle seguenti proporzioni, come nell'esercizio svolto.

148. * $15:6 = x:8$ $[20]$

149. * $x:9 = 1:54$ $\left[\frac{1}{6}\right]$

150. ** $\left(x+\frac{1}{4}\right):x = \frac{3}{4}:8$ $\left[-\frac{8}{29}\right]$

151. ** $(x-6):5 = (2x+3):7$ $[-19]$

152. ** $2:x = 24:(x+3)$ $\left[\frac{3}{11}\right]$

153. ** $\left(\frac{3}{4}x-1\right):\frac{3}{2} = x:3$ $[4]$

154. *** $14:\left(3x+\frac{1}{2}\right) = \frac{8}{3}:(2x-1)$ $\left[\frac{23}{30}\right]$

155. ** $\left(\frac{7}{2}+2x\right):5 = (2x+3):4$ $\left[-\frac{1}{2}\right]$

156. *** $\left(1-\frac{4}{3}x\right):6 = (5x-1):6$ $\left[\frac{6}{19}\right]$

157. *** $\left(\frac{1}{3}+x\right):12 = \left(\frac{1}{2}-x\right):\frac{8}{3}$ $\left[\frac{23}{66}\right]$

Particolari equazioni di grado superiore al primo

158.

Esercizio svolto

Risolvi l'equazione di secondo grado: $x^2 - 5x + 6 = 0$.
Scomponendo il polinomio di secondo grado ottieni: $(x-3)(x-2) = 0$, che si scinde nelle due equazioni lineari: $x - 3 = 0$ e $x - 2 = 0$.
Le soluzioni sono: $x_1 = 3$; $x_2 = 2$.

159. * $x^2 - 64 = 0$ $[\pm 8]$

160. * $3x^2 - 27 = 0$ $[\pm 3]$

161. * $2x^2 - 8 = 0$ $[\pm 2]$

162. * $\frac{2}{3}x^2 - 24 = 0$ $[\pm 6]$

163. * $3 - \frac{x^2}{3} = 0$ $[\pm 3]$

164. * $100 - \frac{4}{9}x^2 = 0$ $[\pm 15]$

165. * $7x^2 - 5x = 0$ $\left[0;\ \frac{5}{7}\right]$

166. * $14x^2 + 21x = 0$ $\left[0;\ -\frac{3}{2}\right]$

167. * $\frac{2}{3}x^2 + \frac{1}{2}x = 0$ $\left[0;\ -\frac{3}{4}\right]$

168. * $3x - \frac{1}{4}x^2 = 0$ $[0;\ 12]$

169. ∗∗ $(1 - 2x)^2 - 3x = 1 - 6x$ $\left[0; \frac{1}{4}\right]$

170. ∗∗ $2x - \frac{1}{3}(x-3)^2 + 5 = (x-1)(x-2)$ $\left[0; \frac{21}{4}\right]$

171. ∗∗ $2x^2 - \frac{x^2+1}{2} - 5 = \frac{1}{2} - \frac{x^2+3}{2} - \frac{5}{2}$ $[1; -1]$

172. ∗∗ $(2x-3)^2 + (3x+1)^2 = x(3x-6) + 20$ $[1; -1]$

173. ∗∗∗ $4x^4 - 64 = 0; \quad 1\,875 - 3x^4 = 0.$ $[\pm 2; \pm 5]$

174. ∗∗∗ $x^3 - 4x^2 + 3x = 0$ $[0; 1; 3]$

175. ∗∗∗ $x^3 + x^2 - 6x = 0$ $[0; 2; -3]$

Problemi

176.

Esercizio svolto

Ricorda: il simbolo % significa diviso 100; ad esempio $15\% = 15 : 100 = \frac{15}{100} = 0{,}15$.

Quale percentuale di 7 è 5?

Il quesito in linguaggio matematico viene trascritto come segue:

x	$\cdot$	7	=	5
quale percentuale	di	7	è	5.

Per risolverlo bisogna pertanto risolvere una semplice equazione

$x \cdot 7 = 5; \qquad 7x = 5; \qquad x = \frac{5}{7} = 0{,}714 = 71{,}4\%.$

177. ∗ **Quale percentuale di 10 è 6?** [60%]

178. ∗ **Quale percentuale di 12 è 2?** [16,7%]

179. ∗ **Quale percentuale di 8 è 14?** [175%]

180. ∗ **Quale percentuale di 17 è 1,7?** [10%]

181. ∗ **Quale percentuale di 1,7 è 17?** [1 000%]

182. ∗ **Quale percentuale di 1 è $\frac{1}{3}$?** [33,3%]

183. ∗ **Quale percentuale di 2 è $\frac{1}{5}$?** [10%]

184. ∗ **Quale percentuale di $\frac{1}{5}$ è 2?** [1 000%]

Esercizi svolti

185. Il prezzo di un maglione è € 120; durante i saldi, tale prezzo viene ridotto del 15%. Quanto costa il maglione nel periodo dei saldi?

Posto x = costo del maglione nel periodo dei saldi, per trovare il valore di x si procede come segue:

prezzo iniziale	−	sconto	=	prezzo nei saldi
120	−	15% di 120	=	x

da cui si ha: $120 - \frac{15}{100} \cdot 120 = x, \qquad 120 - 18 = x, \qquad x = € \, 102.$

Nel periodo dei saldi il maglione costa € 102.

186. La somma di due numeri consecutivi è 21. Quali sono i due numeri?
Posto $x =$ primo numero, il suo consecutivo è dato da $(x + 1)$, quindi riscrivendo il quesito in termini matematici si ha:

somma di due numeri consecutivi	è	21
$x + (x + 1)$	$=$	21

da cui si ha: $2x + 1 = 21$

$$2x = 20$$
$$x = 10$$

I due numeri sono: $x = 10$ e $x + 1 = 11$.

187. Un padre ha 35 anni e suo figlio 25 in meno; tra quanti anni l'età del figlio sarà la metà di quella del padre?
L'età del figlio è: $35 - 25 = 10$; posto $x =$ numero di anni per realizzare l'evento, è importante evidenziare che tra x anni il padre avrà $(35 + x)$ anni e il figlio $(10 + x)$ anni, quindi il quesito si traduce come segue:

età del figlio	sarà	la metà	di	quella del padre
$10 + x$	$=$	$\frac{1}{2}$	$\cdot$	$(35 + x)$

da cui si ha:

$$10 + x = \frac{1}{2}(35 + x); \quad \frac{20 + 2x}{2} = \frac{35 + x}{2}; \quad 2x - x = 35 - 20; \quad x = 15.$$

Tra 15 anni l'età del figlio sarà la metà di quella del padre.

188. Luigi ha in tasca € 3,60 in monetine da 1 euro e da 10 centesimi. Se le monete che ha in tutto sono 18, quante monete di ciascun tipo ha in tasca?
Posto $x =$ numero monete da 1 euro, si ha che: $(18 - x) =$ numero monete da 10 cent, quindi il quesito diventa:

la somma delle monete da 1 euro	e delle	monete da 10 cent	è 3,60 euro
$1 \cdot x$	$+$	$0{,}10 \cdot (18 - x)$	$= 3{,}60$

da cui si ha:

$$100x + 10(18 - x) = 360; \quad 100x + 180 - 10x = 360; \quad 90x = 180; \quad x = 2.$$

Il numero di monete da 1 euro è 2, mentre il numero di quelle da 10 centesimi è 16.

189. Individua un numero di due cifre in cui la cifra delle decine sia il doppio di quella delle unità e tale che scambiando le cifre si ottenga un numero uguale a quello dato diminuito di 9.
Posto $x =$ cifra delle unità, si ha che la cifra delle decine è $2 \cdot x$, quindi il numero cercato è: $2 \cdot x \cdot 10 + x$
Traducendo il quesito in termini matematici si ha:

scambiando le cifre	si ottiene	il numero dato	diminuito	di 9
$x \cdot 10 + 2x$	$=$	$2 \cdot x \cdot 10 + x$		-9

$$10x + 2x = 20x + x - 9; \quad -9x = -9; \quad x = 1.$$

Il numero cercato è: 21.

Risolvi i seguenti problemi seguendo le indicazioni degli esercizi svolti.

190. * Negli Stati Uniti, al conto del ristorante bisogna aggiungere in genere il 15% di mancia. Se il conto ammonta a $ 125 qual è la cifra che dovremo pagare? [$ 143,75]

191. * Sulla confezione dello shampoo viene indicato che contiene il 25% di prodotto in più rispetto alla precedente confezione. Se la confezione attuale contiene 125 ml di prodotto, quanto ne conteneva la precedente? [100 ml]

192. * Il costo orario di una corsa in taxi varia da città a città; a Milano il costo orario è di € 21,70 mentre a Bari costa il 22% in meno. Quanto è il costo orario di una corsa in taxi a Bari? [€ 16,926]

193. * Il latte fresco di una certa marca costa 1,34 al litro. Un'altra marca costa l'8% in meno. Quanto costa il secondo tipo di latte fresco? [€ 1,23]

194. * In una vendita promozionale di elettrodomestici viene acquistato un televisore al prezzo di € 650. Sapendo che lo sconto applicato su questo articolo è del 20%, quanto era il prezzo originale del televisore? [€ 812,50]

195. ** Un negozio di biciclette indice una vendita promozionale riducendo il prezzo di tutta la merce del 20%. Quale era il prezzo iniziale di una bicicletta che durante la promozione costa € 100? [€ 125,00]

196. ** Nel 1999 il prezzo del filetto di vitello era di € 15/kg; nel 2005 tale prezzo è aumentato del 66%. Quale era il prezzo del filetto di vitello nel 2005? [€ 24,90]

197. ** Acquistando un'auto nuova e rottamando quella vecchia non catalizzata si ha uno sconto del 30%. Se l'auto viene acquistata al prezzo di € 14 000, quanto costa l'auto nel caso non si rottami la vecchia? [€ 20 000]

198. ** Lo stipendio mensile medio netto di un metalmeccanico è di € 1 000; sapendo che le trattenute sono il 33% quanto è lo stipendio lordo del lavoratore? [€ 1 492,54]

199. * La somma di due numeri interi consecutivi è 17. Quali sono i due numeri? [8; 9]

200. * La somma di tre numeri interi consecutivi è 24. Quali sono i tre numeri? [7; 8; 9]

201. * La somma di quattro numeri interi consecutivi è 90. Quali sono i quattro numeri? [21; 22; 23; 24]

202. * Determina due numeri pari consecutivi la cui somma sia 54. [26; 28]

203. * Determina due numeri dispari consecutivi la cui somma sia 64. [31; 33]

204. ** Determina due numeri interi pari consecutivi la cui somma sia -34. [-16; -18]

205. ** La differenza di due numeri è 14; la somma tra il triplo del numero minore e il doppio del maggiore è 63. Quali sono i due numeri? [7; 21]

206. ** Determina il divisore del numero 87, sapendo che il quoziente e il resto sono rispettivamente 12 e 3. [7]

207. ** Determina il divisore del numero 158, sapendo che il quoziente e il resto sono rispettivamente 6 e 14. [24]

208. ** Moltiplicando un numero per 6 e dividendo il risultato per 5 si ottiene 24. Qual è il numero? [20]

209. ** La somma di due numeri interi è 32. Un numero supera l'altro di 10. Quali sono i due numeri? [11; 21]

210. ** La somma di due numeri interi è 73. Il secondo numero differisce dal primo di 15. Quali sono i due numeri? [29; 44]

211. ** La somma di due numeri interi è 25. I due numeri differiscono di 7. Quali sono i due numeri? [9; 16]

212. ** La somma di due numeri interi è 36. Un numero è il doppio dell'altro. Quali sono i due numeri? [12; 24]

213. ** La somma di due numeri interi è 48. Il primo numero è la terza parte del secondo. Quali sono i due numeri? [12; 36]

214. ** Dividi il numero 65 in due parti una il quadruplo dell'altra. [13; 52]

215. ** Dividi il numero 105 in due parti in modo che una sia i $\frac{3}{4}$ dell'altra. [60; 45]

216. ** Specifica in quali insiemi numerici sono risolvibili i due esercizi precedenti.

217. ** Due numeri interi sono uno la metà dell'altro e la loro somma è 54. Quali sono i due numeri? [36; 18]

218. ** La differenza di due numeri interi è 12; la somma tra il doppio del minore e il triplo del maggiore è 61. Quali sono i due numeri? [5; 17]

219. ** La somma di due numeri interi è 16; la somma del triplo del maggiore e del doppio del minore è 45. Quali sono i due numeri? [3; 13]

220. ** La differenza di due numeri interi è 8; la somma tra il triplo del minore e il quadruplo del maggiore è 46. Quali sono i due numeri? [2; 10]

221. ** La differenza di due numeri interi è 16; i $\frac{3}{2}$ del minore aumentati del quadruplo del maggiore danno come risultato 97. Quali sono i due numeri? [6; 22]

222. ** La somma di due numeri interi è 21 e la differenza tra il doppio del maggiore e il triplo del minore è 12. Quali sono i due numeri? [6; 15]

223. ** Veronica ha 2 anni in più di Letizia e Letizia è più giovane di Giusy di 8 anni. Se Giusy ha 28 anni, quanti anni hanno Veronica e Letizia? [22; 20]

224. ** Mario è più giovane di Carlo di 4 anni e ha il doppio degli anni di Piero. Se la somma dei loro anni è 69, qual è l'età di ciascuno? [26; 30; 13]

225. ** Determina un numero il cui quadrato diminuito di 2 è uguale al prodotto del numero per il suo consecutivo. [−2]

226. ** La semidifferenza tra un numero e 16 è uguale al doppio del numero aumentato di 1. Qual è il numero? [−6]

227. ** Il triplo di un numero diminuito di 5 è uguale alla terza parte di 30. Qual è il numero? [5]

228. ** Il prodotto di un numero per il suo precedente è uguale al quadrato del numero diminuito di 3. Qual è il numero? [3]

229. ** Dividi il numero 462 in tre parti in modo che la seconda sia tripla della prima e la terza sia la metà della seconda. Quali sono le tre parti? [84; 252; 126]

230. ** Determina un numero di due cifre in cui la somma delle cifre sia 15 e la cifra delle decine superi di 3 quella delle unità. [96]

231. ** Determina un numero di tre cifre in cui la somma delle cifre sia 18, la cifra delle centinaia aumentata di 8 sia uguale alla somma delle cifre delle decine e delle unità mentre la cifra delle decine superi di 5 quella delle unità. [594]

232. ** Determina un numero di due cifre in cui la cifra delle decine sia la metà di quella delle unità e tale che scambiando le cifre si ottenga un numero che supera quello dato di 18. [24]

233. ** Determina un numero di due cifre in cui la cifra delle unità è il triplo di quella delle decine e tale che scambiando le cifre si ottiene un numero il cui doppio è uguale al numero cercato aumentato di 98. [26]

234. ** Determina un numero di tre cifre sapendo che la cifra delle decine è il doppio di quella delle centinaia e che la cifra delle unità è uguale a quella delle decine e, inoltre, invertendo la cifra delle decine con quella delle centinaia, si ottiene un numero che supera quello cercato di 180. [244]

235. ** Un lavoratore dipendente spende mensilmente la metà del suo stipendio per l'affitto e il vitto, $\frac{1}{7}$ del suo stipendio per il vestiario; € 250 di spese varie e risparmia € 100. Qual è lo stipendio mensile del lavoratore dipendente? [€ 980]

236. ** Un padre ha 41 anni e suo figlio 19 in meno; tra quanti anni l'età del figlio sarà i $\frac{2}{3}$ di quella del padre? [16]

237. ** Determina l'anno in cui fu scoperta l'America sapendo che: è un numero di quattro cifre la cui somma è 16; la cifra delle migliaia è la metà di quella delle unità, la cifra delle centinaia è il doppio di quella delle unità, mentre la cifra delle decine è uguale alla somma delle cifre delle centinaia e delle unità aumentata di tre. [1492]

238. ** Oggi l'età di Antonio supera di 2 anni quella di Franco. Tra 5 anni l'età di Franco sarà i $\frac{7}{9}$ di quella di Mario. Quanti anni hanno oggi Franco e Antonio? [2; 4]

239. *** Giovanni in un giorno ha letto la metà di un libro, il secondo giorno ha letto i $\frac{3}{7}$ della parte rimanente e il terzo giorno ha letto 16 pagine. Quante pagine ha il libro? [56]

240. *** Per raggiungere la meta delle vacanze una famiglia decide di fare tre tappe. Il primo giorno percorre i $\frac{2}{3}$ del tragitto, il secondo giorno percorre i $\frac{2}{5}$ del tragitto rimanente, alla fine del secondo giorno rimangono loro da percorrere 350 km. Quanto è la lunghezza di tutto il tragitto? [1750 km]

241. *** Durante l'assemblea di classe Antonio si propone come rappresentante di classe; nella votazione si ottengono i seguenti risultati: i $\frac{2}{3}$ dei presenti votano a favore di Antonio, un terzo vota contro e 5 si astengono. Quanti sono gli studenti presenti in classe durante la votazione? Antonio viene eletto? [26]

242. *** Se in una classe si raddoppia solamente il numero dei maschi si ottiene una classe di 37 studenti, mentre raddoppiando solamente il numero delle femmine si ottiene una classe di 44 studenti. Quanti sono i maschi e le femmine presenti nella classe? [10; 17]

243. *** In un giardino ci sono pappagalli e cani. Il numero dei cani è $\frac{3}{2}$ di quello dei pappagalli e la somma delle ali dei pappagalli e delle zampe dei cani è 128. Determina il numero dei cani e dei pappagalli. [24; 16]

244. *** Il padre di Carlo e Davide ha 62 anni, mentre Carlo e Davide hanno rispettivamente 32 e 27 anni. Determina tra quanti anni l'età del padre eguaglierà la somma delle età di Carlo e Davide. [3]

245. *** A una gita scolastica il numero previsto dei ragazzi partecipanti supera di 5 quello delle ragazze. All'ultimo minuto si ritirano 2 ragazze e 3 ragazzi e il numero dei partecipanti risulta essere quindi di 48. Determina il numero di ragazzi e di ragazze che avrebbero dovuto partecipare alla gita. [29; 24]

246. *** Gianni ha in tasca € 11 in monetine da € 2 e da 5 centesimi. Se le monete che ha in tutto sono 25, quante monete da € 2 e quante da 5 centesimi ha in tasca? [5; 20]

247. *** Anna ha € 4,45 in monetine da 5 cent, 10 cent, 20 cent e 50 cent. Il numero delle monete da 5 cent è la metà di quello da 10 cent, il numero delle monete da 20 cent è il triplo di quello da 10 cent, mentre quello delle monete da 50 cent è uguale a quello delle monete da 20 cent. Quante monete di ciascun tipo ha in tasca Anna? [1; 2; 6; 6]

Problemi geometrici

Esercizi svolti

248. Determina la lunghezza di due segmenti sapendo che la loro somma è 36 cm e che uno è i $\frac{7}{5}$ dell'altro.

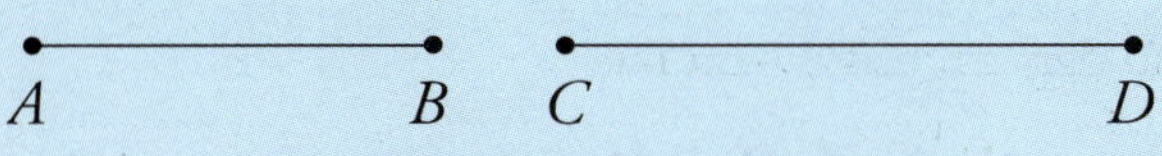

$\overline{AB} + \overline{CD} = 36$ (cm) $\qquad \overline{CD} = \frac{7}{5}\overline{AB}$

Posto $\overline{AB} = x$, ottieni: $\overline{CD} = \frac{7}{5}x$.

Il quesito si trasforma come segue:

$\overline{AB} + \overline{CD} = 36 \Rightarrow x + \frac{7}{5}x = 36$

Risolvi l'equazione e ottieni:

$\frac{5x + 7x}{\cancel{5}} = \frac{180}{\cancel{5}} \Rightarrow 12x = 180 \Rightarrow x = 15$

Pertanto: $\overline{AB} = 15$ (cm) e $\overline{CD} = \frac{7}{\cancel{5}} \cdot \overset{3}{\cancel{15}} = 21$ (cm).

249. Determina l'area di un rettangolo sapendo che il perimetro misura 64 cm e che la base è i $\frac{5}{3}$ dell'altezza.

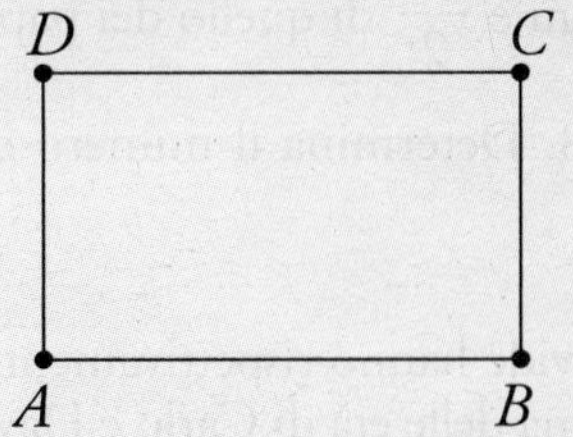

$2p_{(ABCD)} = 64$ (cm)

$\overline{AB} = \frac{5}{3}\,\overline{BC}$

Posto $\overline{BC} = x$, ottieni: $\overline{AB} = \frac{5}{3}x$.

Il quesito si trasforma come segue:

$2p_{(ABCD)} = 64 \text{ (cm)} \Rightarrow 2(\overline{AB} + \overline{BC}) = 64 \text{ (cm)} \Rightarrow \overline{AB} + \overline{BC} = 32 \text{ (cm)} \Rightarrow$

$\Rightarrow \frac{5}{3}x + x = 32 \Rightarrow \frac{5x + 3x}{\cancel{3}} = \frac{96}{\cancel{3}} \Rightarrow 8x = 96 \Rightarrow x = 12$

Quindi $\overline{BC} = 12$ (cm) e $\overline{AB} = \frac{5}{\cancel{3}} \cdot \overset{4}{\cancel{12}} = 20$ (cm).

Per determinare l'area basta moltiplicare le misure della base e dell'altezza, pertanto ottieni:

$\mathcal{A}_{(ABCD)} = \overline{AB} \cdot \overline{BC} = 20 \cdot 12 = 240 \text{ (cm}^2)$

Risolvi i seguenti problemi seguendo le indicazioni degli esercizi svolti.

250. ∗ Dividi un segmento lungo 45 cm in due parti in modo che la prima sia i $\frac{2}{3}$ della seconda. [27; 18]

251. ∗ Determina la lunghezza di due segmenti sapendo che la loro somma è 25 cm e la loro differenza è 9 cm. [17; 8]

252. ∗ Dividi un segmento di 38 cm in due parti in modo che la prima sia i $\frac{7}{5}$ del doppio della seconda. [28, 10]

253. ∗ Determina la lunghezza di due segmenti adiacenti sapendo che $\frac{1}{4}$ del primo è uguale ai $\frac{3}{5}$ del secondo e che la loro somma è 34. [24; 10]

254. ∗ Dividi un segmento di 104 cm in tre parti in modo che la seconda sia la metà della prima e la terza i $\frac{2}{3}$ della prima. [48; 24; 32]

255. ∗ Dividi un segmento di 40 cm in tre parti in modo che la prima sia il doppio della seconda e la terza un terzo della seconda. [24; 12; 4]

256. ∗ Determina l'area di un rettangolo sapendo che il perimetro è 200 cm e che l'altezza è il triplo della base. [1 875 cm^2]

257. ∗ Di un rettangolo di perimetro 52 cm si sa che la base è i $\frac{3}{10}$ dell'altezza. Determina l'area del rettangolo. [120 cm^2]

258. ∗ In un triangolo il perimetro è 624 cm e la somma del secondo e terzo lato è i $\frac{37}{48}$ del perimetro, mentre la somma del primo e del secondo lato è 422 cm. Calcola la lunghezza di ciascuno dei tre lati. [143; 279; 202]

259. ∗ In un triangolo isoscele il lato supera la base di 6 cm. Sapendo che il perimetro è 18 cm, determina i lati del triangolo. [2 cm; 8 cm]

260. ∗ In un triangolo rettangolo un angolo acuto è $\frac{3}{7}$ dell'altro; determina le misure degli angoli. [27°; 63°]

261. ∗ In un triangolo il primo angolo è $\frac{5}{2}$ del secondo e il terzo è $\frac{1}{10}$ del primo. Determina le ampiezze dei tre angoli. [120°; 48°; 12°]

262. ∗ In un quadrilatero un angolo è la metà del secondo, questo è $\frac{6}{5}$ del terzo e il quarto angolo misura 80°. Determina le ampiezze degli angoli. [60°; 120°; 100°]

263. ∗ In un trapezio isoscele ciascun angolo adiacente alla base minore è i $\frac{7}{2}$ di ciascun angolo adiacente alla base maggiore. Determina le ampiezze dei quattro angoli. [40°; 140°]

264. ∗ In un trapezio rettangolo l'angolo non retto adiacente alla base minore è $\frac{5}{4}$ dell'angolo non retto adiacente alla base maggiore. Determina le ampiezze di tali angoli. [100°; 80°]

265. ∗ Determina le ampiezze degli angoli di un rombo sapendo che ciascun angolo acuto è $\frac{1}{5}$ dell'angolo ottuso. [30°; 150°]

266. ∗ Determina le misure dei lati di un triangolo sapendo che il secondo lato è $\frac{4}{3}$ del primo, il terzo lato è $\frac{5}{3}$ del primo e il perimetro è 240 m. [60 m; 80 m; 100 m]

267. ∗∗ Determina le misure dei lati di un triangolo isoscele sapendo che il suo perimetro è 200 cm e che ciascuno dei lati congruenti supera di 30 cm i $\frac{3}{4}$ della base. [56 cm; 72 cm]

268. ** In un triangolo l'altezza è metà della base e i $\frac{5}{3}$ della misura dell'altezza aumentati dei $\frac{7}{3}$ della misura della base danno come risultato 190 cm. Determina la superficie del triangolo. [900 cm^2]

269. ** In un trapezio isoscele il perimetro misura 160 cm, il lato obliquo è i $\frac{3}{2}$ della base minore e la base maggiore è i $\frac{28}{13}$ della base minore. Determina la superficie del trapezio. [1 476 cm^2]

270. ** Un rettangolo ha la base doppia dell'altezza e la sua superficie è di 32 cm^2. Determina il perimetro del rettangolo. [24 cm]

271. ** In una circonferenza una corda è i $\frac{30}{17}$ del raggio, inoltre i $\frac{2}{5}$ della misura della corda aumentati di metà della misura del raggio sono uguali a 82 cm. Determina la misura della distanza della corda dal centro della circonferenza. [32 cm]

272. ** In un rombo la somma delle diagonali è 46 m e i $\frac{2}{3}$ della misura della diagonale maggiore aumentati dei $\frac{3}{4}$ della misura della diagonale minore sono uguali a 32 cm.

Determina il perimetro del rombo. [68 cm]

273. ** Determina la superficie di un triangolo isoscele sapendo che il perimetro è 64 cm e la base è $\frac{14}{25}$ del lato obliquo. [168 cm^2]

274. ** In un triangolo isoscele l'area è 120 cm^2 e la base misura 16 cm. Determina la misura del lato obliquo e il perimetro del triangolo. [17 cm; ...]

275. ** Un triangolo ha la base uguale ai $\frac{2}{3}$ dell'altezza. Sapendo che la sua superficie è di 48 cm^2, determina la lunghezza della base e dell'altezza. [8 cm; 12 cm]

276. ** Determina l'ampiezza di due angoli supplementari sapendo che i $\frac{6}{7}$ del primo sono uguali ai $\frac{3}{4}$ del secondo. [84°; 96°]

277. ** Determina l'ampiezza degli angoli di un triangolo *ABC* sapendo che l'angolo $\widehat{B}$ è doppio dell'angolo $\widehat{A}$ e l'angolo $\widehat{C}$ supera l'angolo $\widehat{B}$ di 30°. [30°; 60°; 90°]

278. ** In un triangolo isoscele l'angolo al vertice supera di 15° ciascuno degli angoli alla base. Determina l'ampiezza dei tre angoli. [70°; 55°; 55°]

279. *** Un triangolo ha la base doppia dell'altezza. Se la base viene diminuita di 3 cm e l'altezza viene diminuita di 2 cm la sua superficie diminuisce di 25 cm^2. Quali sono le misure delle dimensioni del rettangolo? [16 cm; 8 cm]

280. ✱✱✱ Un cartoncino colorato rettangolare è tale che la base è i tre quarti dell'altezza. Se si tagliano 5 cm dall'altezza e 3 cm dalla base si ottiene un cartoncino rettangolare la cui area risulta minore di 174 cm^2 rispetto a quella del cartoncino originale. Calcola le dimensioni del cartoncino originale. [21 cm; 28 cm]

281. ✱✱✱ Se il raggio di un cerchio viene aumentato di 4 cm si ottiene un cerchio con una superficie aumentata di 48π cm^2. Qual è la misura del raggio originale? [4 cm]

282. ✱✱✱ Un arco di circonferenza cha ha l'ampiezza di 150° è lungo 18,5 cm. Qual è la lunghezza di un arco della stessa circonferenza che ha l'ampiezza di 210°? [25,9 cm]

283. ✱✱✱ Determina il perimetro di un trapezio rettangolo sapendo che la sua superficie è 400 m^2, l'altezza è un mezzo della somma delle basi e il lato obliquo è i $\frac{5}{4}$ dell'altezza. [85 cm]

284. ✱✱✱ La somma delle misure dei raggi di due circonferenze concentriche è 28 cm e la loro differenza è 12 cm. Determina la superficie della corona circolare. [336π cm^2]

285. ✱✱✱ La superficie di un rombo è di 600 cm^2 e la diagonale maggiore è i $\frac{4}{3}$ di quella minore; determina il perimetro del rombo. [100 cm]

Equazioni razionali frazionarie

Determina le condizioni di esistenza delle seguenti equazioni frazionarie.

286. ✱ $\frac{2x^3+5x}{2x-3}+\frac{4x-1}{x+1}=4$ $\left[x\neq\frac{3}{2}; x\neq-1\right]$

287. ✱ $\frac{3x^2+4x-1}{x}-\frac{7x-4}{x+3}=\frac{6-2x}{3}$ $[x\neq 0; x\neq-3]$

288. ✱ $\frac{3x^2-4x+6}{1-x}=\frac{2x+1}{x+5}$ $[x\neq-5; x\neq 1]$

289. ✱✱ $\frac{12-5x}{x^2-9}+\frac{6}{x+3}=\frac{8x-1}{x-3}$ $[x\neq 3; x\neq-3]$

290. ✱✱ $2x^2-6x+\frac{x-1}{x^2+1}=\frac{2x}{x^2-1}$ $[x\neq 1; x\neq-1]$

291. ✱✱ $\frac{x^3-4x}{x^2-2x}-\frac{6x-1}{x-2}=\frac{7-4x}{x}$ $[x\neq 0; x\neq 2]$

292. ✱✱✱ $\frac{4-5x}{x^2-3x-4}+5x=\frac{3x+1}{x^2-16}$ $[x\neq 4; x\neq-4; x\neq-1]$

293. ✱✱✱ $\frac{2-3x}{x^2+x+1}=2x-\frac{5}{x^3-1}$ $[x\neq 1]$

294. ✱✱✱ $\frac{6x-1}{x^2+4x+4}-\frac{2-5x}{x^2+x-6}=\frac{3}{5x^2-20}$ $[x\neq-2; x\neq+2; x\neq-3]$

Determina il dominio delle seguenti equazioni negli insiemi a fianco indicati.

295. * $\frac{1}{x-1}=\frac{2x+1}{x-4}$ in $\mathbb{N}$ $[\mathbb{N}-\{1; 4\}]$

296. * $\frac{6x+1}{3+x}=\frac{8+x}{4+2x}$ in $\mathbb{Z}$ $[\mathbb{Z}-\{-3; -2\}]$

297. * $\frac{4}{x}+\frac{7x-1}{2x+3}=0$ in $\mathbb{Q}$ $\left[\mathbb{Q}-\left\{0; -\frac{3}{2}\right\}\right]$

298. ** $\frac{1-x}{x-2}+\frac{6+5x}{x^2-4x+4}=4x+\frac{x-9}{x^2+4}$ in $\mathbb{N}$ $[\mathbb{N}-\{2\}]$

299. ** $\frac{3x+1}{15-5x}+\frac{7x+2}{x^2-9}=1+\frac{2x-9}{x^2+3x}$ in $\mathbb{Z}$ $[\mathbb{Z}-\{-3; +3; 0\}]$

300. ** $5-\frac{2-3x}{5x+4}=\frac{4-7x}{2+3x}-\frac{12}{18x^2+24x+8}$ in $\mathbb{Q}$ $\left[\mathbb{Q}-\left\{-\frac{4}{5}; -\frac{2}{3}\right\}\right]$

301. *** $\frac{3x-5}{x+1}+\frac{6x-8}{2x+1}=0$ in $\mathbb{N}$ $[\mathbb{N}]$

302. *** $\frac{1+5x}{x^2-3x-10}-4x=7+\frac{3+7x}{x^3-125}+\frac{4}{25x^2-1}$ in $\mathbb{Z}$ $[\mathbb{Z}-\{-2; 5\}]$

303. *** $\frac{15}{x^2-3x+9}+\frac{4x-5}{9x^2-1}=4x+1-\frac{6}{2x^2-12x+18}$ in $\mathbb{Q}$ $\left[\mathbb{Q}-\left\{-\frac{1}{3}; \frac{1}{3}; 3\right\}\right]$

Esercizi svolti

304. Considera la seguente equazione: $\frac{3}{x+1}=\frac{5}{x-1}$.

È un'equazione razionale frazionaria e i due denominatori sono polinomi irriducibili. Determina le condizioni di esistenza delle frazioni algebriche presenti nell'equazione:

$x+1\neq 0$ da cui $x\neq -1$ e $x-1\neq 0$ da cui $x\neq 1$

quindi C.E.: $x\neq -1; x\neq 1$ $D=\mathbb{Q}-\{-1; 1\}$.

Ora calcola il m.c.m. dei denominatori:

m.c.m. $[x+1; x-1]=(x+1)(x-1)$

Riduci le frazioni allo stesso denominatore e svolgi i calcoli fino alla determinazione della soluzione:

$$\frac{3(x-1)}{(x+1)(x-1)}=\frac{5(x+1)}{(x+1)(x-1)}$$

$$\cancel{(x+1)(x-1)}\ \frac{3(x-1)}{\cancel{(x+1)(x-1)}}=\frac{5(x+1)}{\cancel{(x+1)(x-1)}}\ \cancel{(x+1)(x-1)}$$

$3(x-1)=5(x+1)$; $3x-3=5x+5$; $-2x=8$; $x=-\frac{8}{2}=-4$

Il valore trovato, $x=-4$, appartiene al dominio, pertanto è accettabile; quindi l'equazione data è **determinata** e la sua soluzione è $x=-4$.

305. Considera la seguente equazione: $\dfrac{x+5}{2x+3}=\dfrac{7}{4x+6}$.

È un'equazione razionale frazionaria; per risolverla scomponi i denominatori in fattori e determina le condizioni di esistenza delle frazioni algebriche presenti nell'equazione:

$$\frac{x+5}{2x+3}=\frac{7}{2(2x+3)}$$

$2x+3\neq 0$ da cui $x\neq -\dfrac{3}{2}$

quindi C.E.: $x\neq -\dfrac{3}{2}$ $\quad D=\mathbb{Q}-\left\{-\dfrac{3}{2}\right\}$.

Il m.c.m. dei denominatori è: m.c.m. $[2x+3;\ 2(2x+3)]=2(2x+3)$.
Riduci le frazioni allo stesso denominatore e svolgi i calcoli fino alla determinazione della soluzione:

$$\frac{2(x+5)}{2(2x+3)}=\frac{7}{2(2x+3)}$$

$$\cancel{2(2x+3)}\,\frac{2(x+5)}{\cancel{2(2x+3)}}=\frac{7}{\cancel{2(2x+3)}}\,\cancel{2(2x+3)}$$

$2(x+5)=7;$

$2x+10=7;$

$2x=-3;$

$x=-\dfrac{3}{2}$

Il valore trovato non è accettabile perché è incompatibile con la C.E.; pertanto l'equazione data non ha soluzione, cioè è **impossibile**.

306. Considera la seguente equazione: $\dfrac{x+3}{x-1}=\dfrac{x+7}{x+3}+\dfrac{16}{(x-1)(x+3)}$.

È un'equazione razionale frazionaria; per risolverla procedi come negli esempi precedenti.

$$\frac{(x+3)^2}{(x-1)(x+3)}=\frac{(x+7)(x-1)+16}{(x-1)(x+3)}$$

$x-1\neq 0$ da cui $x\neq 1$

$x+3\neq 0$ da cui $x\neq -3$

quindi C.E.: $x\neq 1;\ x\neq -3$ $\quad D=\mathbb{Q}-\{1;\ -3\}$.

Il m.c.m. dei denominatori è: m.c.m. $[x-1;\ x+3;\ (x-1)(x+3)]=(x-1)(x+3)$.
Riduci le frazioni allo stesso denominatore e svolgi i calcoli fino alla determinazione della soluzione:

$$\cancel{(x-1)(x+3)}\,\frac{(x+3)^2}{\cancel{(x-1)(x+3)}}=\frac{(x+7)(x-1)+16}{\cancel{(x-1)(x+3)}}\,\cancel{(x-1)(x+3)}$$

$x^2+6x+9=x^2-x+7x-7+16$

$0x=0$

L'equazione data risulta **indeterminata**, quindi la sua soluzione è: $x\in D=\mathbb{Q}-\{-3;\ 1\}$.

Risolvi le seguenti equazioni razionali frazionarie seguendo il procedimento indicato negli esercizi svolti.

307. * $\frac{1}{x} - 4 = 0$ $\left[\frac{1}{4}\right]$

308. * $2 - \frac{1}{x-1} = 0$ $\left[\frac{3}{2}\right]$

309. * $\frac{4x-5}{x-1} = 0$ $\left[\frac{5}{4}\right]$

310. * $\frac{3(x-2)}{x+2} = 0$ [2]

311. * $\frac{1}{2x+1} = 1$ [0]

312. * $\frac{9}{x-3} = 0$ [impossibile]

313. * $\frac{4-3x}{2x-3} = \frac{10}{2x-3}$ [−2]

314. * $\frac{x+9}{x+4} = \frac{5}{x+4}$ [impossibile]

315. ** Commenta la soluzione delle equazioni n. 312 e 314.

316. * $\frac{3x-15}{x-5} = 3$ $[\mathbb{Q} - \{5\}]$

317. * $\frac{x^2 - 3 - (x-1)^2}{x+4} = 0$ [2]

318. * $\frac{2}{3} - \frac{1}{2x+5} = 1$ [−4]

319. * $\frac{2}{x} + \frac{x+1}{4x} = \frac{5}{2x}$ [1]

320. * $\frac{5x-12}{3x+4} = \frac{4x+3}{6x+8}$ $\left[\frac{9}{2}\right]$

321. * $\frac{2}{x-3} = \frac{16}{8x-24}$ $[\mathbb{Q} - \{3\}]$

322. * $\frac{6}{2x+1} - \frac{x-2}{2} = \frac{5-x}{2}$ $\left[\frac{3}{2}\right]$

323. * $\frac{x+1}{3x-3} + \frac{2}{3} = 5$ $\left[\frac{7}{6}\right]$

324. * $\frac{2}{x-1} = \frac{3x}{1-x}$ $\left[-\frac{2}{3}\right]$

325. * $\frac{12}{x^2+4x+4} = 0$ [impossibile]

326. ** $\frac{3x}{x+1} - \frac{2}{x} = +3$ $\left[-\frac{2}{5}\right]$

327. ** $\frac{11}{3x-1} = \frac{7}{2x+1}$ [−18]

328. ** $\frac{1}{2x+3} = \frac{2}{5x-1}$ [7]

329. ** $\frac{x-2}{x+4} = \frac{x+4}{x-2}$ [−1]

330. ** $\frac{5-x}{x-4} = \frac{4-x}{x-3}$ [impossibile]

331. ** $\frac{3-x}{1-x} = \frac{2x}{x-1}$ [−3]

332. ** $\frac{x+1}{x-1} - \frac{x-1}{x+1} = \frac{4}{x^2-1}$ [impossibile]

333. ** $\frac{x+1}{x-1} - \frac{x-1}{x+1} = \frac{4x-2}{x^2-1}$ [impossibile]

334. ** $\frac{x^2+2x-15}{x^2+x} = \frac{x-2}{x+1}$ $\left[\frac{15}{4}\right]$

335. ** $\frac{5}{3} - \frac{2}{3} \cdot \frac{1+x}{x} = \frac{1+3x}{x} - \left(1 + \frac{x-1}{x}\right)$ [impossibile]

336. ** $\frac{x^2-2x+1}{x-1}-\frac{x^2+2x+1}{x+1}+\frac{7x-4}{2x+1}=0$ [2]

337. ** $\frac{2}{3x-6}+\frac{1}{2-x}=\frac{1}{3}$ [1]

338. ** $\frac{7}{10-2x}+\frac{4}{x-5}=\frac{1}{4}$ [7]

339. ** $\frac{x-2}{x+5}-\frac{x+3}{x-4}=0$ $\left[-\frac{1}{2}\right]$

340. ** $\frac{2(1-x)}{2-x}-\frac{x}{1+x}=\frac{x+5}{x+1}$ [8]

341. ** $4-\frac{2(2x+3)}{x+1}=\frac{5}{x^2-1}$ $\left[-\frac{3}{2}\right]$

342. ** $1+\frac{3x}{3-x}+3\,\frac{x-1}{x-3}=0$ [6]

343. ** $3-\frac{7}{x+2}=\frac{3x+4}{2x+4}$ [2]

344. ** $4+\frac{x-4}{x-2}=\frac{3-2x}{2-x}$ [3]

345. ** $\frac{5x-9}{3-x}+3=\frac{3-3x}{x-3}$ [impossibile]

346. ** $\frac{2x^2-5x+3}{5x^2+2x-3}=\frac{2}{5}$ $\left[\frac{21}{29}\right]$

347. ** $\frac{5-3x}{2x-1}+\frac{7x-2}{4x-2}-\frac{2x-6}{3-6x}=0$ $\left[-\frac{12}{7}\right]$

348. ** $1-\frac{x+4}{2x+4}=\frac{2x-3}{x+2}$ [2]

349. ** $\frac{5}{3-x}=\frac{6}{3-x}-\frac{4}{x+3}+\frac{4x}{9-x^2}$ [1]

350. ** $\frac{x-15}{10-x}=\frac{x}{5+x}-2$ $\left[\frac{5}{2}\right]$

351. ** $2+\frac{14-11x}{3x+2}=\frac{7}{3}$ $\left[\frac{10}{9}\right]$

352. ** $\dfrac{6}{5x-2}=\dfrac{9}{7x+6}$ [18]

353. ** $1+2\,\dfrac{4+x}{4x-1}=\dfrac{1}{2}+\dfrac{x+5}{x-2}$ $\left[-\dfrac{20}{39}\right]$

354. ** $\dfrac{8x-3x^2+8}{x^2-4}+2=\dfrac{x}{2-x}$ [0]

355. ** $\dfrac{1}{x^2+2x+1}-\dfrac{5}{3x+3}=\dfrac{3}{2x+2}$ $\left[-\dfrac{13}{19}\right]$

356. ** $\dfrac{4}{x-1}-\dfrac{12}{2+x}=\dfrac{4(1-x)}{x^2+x-2}$ [4]

357. ** $\dfrac{1}{2x}=\dfrac{2x-1}{4x^2+4x}+\dfrac{3x+2}{x^2+x}$ $\left[-\dfrac{5}{12}\right]$

358. ** $\dfrac{x+2}{x+3}-\dfrac{x-3}{x-2}=\dfrac{7x-2}{x^2+x-6}$ [1]

359. ** $\dfrac{4-3x}{x-6}+\dfrac{x+1}{x+6}+\dfrac{2x(1+x)}{x^2-36}=\dfrac{1}{x^2-36}$ [1]

360. ** $\dfrac{x-2}{x+2}:\left(3-\dfrac{2x+1}{x+2}\right)=\dfrac{3x-8}{2x+10}$ [4]

361. ** $\dfrac{10x+3}{5x+1}-\dfrac{x+2}{3-2x}=\dfrac{5x-1}{2x-3}$ $\left[-\dfrac{6}{13}\right]$

362. ** $\dfrac{3x+1}{4x-5}-\dfrac{x+7}{3x-1}=\dfrac{2x+1}{3x-1}-\dfrac{x+2}{4x-5}$ $\left[\dfrac{37}{12}\right]$

363. ** $\dfrac{x-7}{x+1}-\dfrac{x+5}{x-1}+\dfrac{1}{3}=\dfrac{x^2-15}{3x^2-3}$ $\left[\dfrac{10}{21}\right]$

364. ** $\dfrac{2x}{x+1}-\dfrac{3x-4}{x}=\dfrac{2-x^2}{x^2+x}$ [−2]

365. ** $\dfrac{4-3x}{x+2}-\dfrac{1}{2}+\dfrac{x-2}{3x+6}=\dfrac{7x+5}{6x+12}+\dfrac{1}{3}-\dfrac{x-1}{x+2}$ $\left[-\dfrac{1}{22}\right]$

366. ** $\dfrac{1-6x}{x-3}-\left(1-\dfrac{2x+5}{6-2x}\right)=\dfrac{11x-3}{2x-6}-\dfrac{5}{2}$ $\left[-\dfrac{9}{22}\right]$

367. ** $\left(2-\dfrac{1}{2}\right)\left(3-\dfrac{x}{2x+1}\right)=\left(2+\dfrac{1}{2}\right)\left(\dfrac{3x-1}{4x+2}-1\right)$ $\left[-\dfrac{33}{35}\right]$

368. ** $x + 2 - \dfrac{4x+3}{3x-1} = x - \dfrac{4-x}{1-3x}$ [3]

369. ** $\dfrac{4}{x^2-6x+8} - \dfrac{4-x}{x-2} = \dfrac{x-2}{x-4}$ [impossibile]

370. ** $\dfrac{3x-1}{2x-7} + \dfrac{5-3x}{2x+7} = \dfrac{6-2x}{4x^2-49}$ $\left[\dfrac{12}{13}\right]$

371. ** $\dfrac{3x-2}{4x+3} + \dfrac{1-2x}{4x-3} = \dfrac{(2x-3)^2+14}{16x^2-9}$ [−2]

372. ** $\dfrac{x+8}{x-6} = \dfrac{5}{x+4} - \dfrac{x(8-x)-2}{x^2-2x-24}$ [−4]

373. ** $\dfrac{2x-x^2+3}{x^2-9} - \dfrac{3x+1}{3-x} = 2\,\dfrac{x-3}{3+x}$ $\left[\dfrac{1}{2}\right]$

374. ** $\dfrac{x-6}{x} + \dfrac{2x-1}{x^2-4x} - 2 = \dfrac{x+5}{4-x}$ $\left[-\dfrac{23}{5}\right]$

375. ** $\dfrac{1+3x}{x-1} - \dfrac{x-1}{2x+2} = \dfrac{5x^2+2x-3}{2x^2-2}$ $\left[-\dfrac{1}{2}\right]$

376. ** $\dfrac{x}{x-4} - \dfrac{x-3}{x+2} = \dfrac{3(x+4)}{x^2-2x-8}$ [impossibile]

377. ** $\dfrac{2x+1}{x^2+4x+4} - \dfrac{x}{x^2-4x+4} = \dfrac{7}{4-x^2}$ [−6]

378. ** $\dfrac{3}{x-1} - \dfrac{x+6}{x^2+x+1} = \dfrac{2x^2+8}{x^3-1}$ $\left[\dfrac{1}{2}\right]$

379. ** $\dfrac{3x^2}{2x^2-8} - \dfrac{5}{2} = \dfrac{2-x}{x+2}$ $\left[\dfrac{7}{2}\right]$

380. ** $\dfrac{7-4x}{x^2-4} - \dfrac{3}{x+2} = \dfrac{1-7x}{x^2+4x+4}$ $\left[\dfrac{7}{4}\right]$

381. ** $\dfrac{4x+1}{4x-1} + \dfrac{(2x+3)(1-6x)}{16x^2-8x+1} = \dfrac{3-x}{1-4x}$ $\left[-\dfrac{1}{3}\right]$

382. ** $\dfrac{2x+1}{x} - \dfrac{3x+8x^2}{x^3-4x} = \dfrac{2x-3}{x+2}$ $\left[-\dfrac{4}{17}\right]$

383. ** $\dfrac{2}{5} - \dfrac{2x-3}{x-2} = \dfrac{4x(7-2x)}{5x^2-20x+20}$ [38]

384. *** $\dfrac{2x+2}{x^2-x}\cdot\dfrac{x-1}{x+1}\cdot\dfrac{x}{x+3}\cdot\dfrac{x^2-9}{x^2-3x}=\dfrac{4}{x+2}$ $[-22]$

385. *** $\dfrac{1}{x-2}+\dfrac{x+1}{(x-3)^2-(x+3)^2}=\dfrac{3-x^2-5x}{12x^2-24x}$ $\left[\dfrac{1}{9}\right]$

386. *** $\dfrac{2z-1}{z-3}-\dfrac{z(4-z)-2}{z^2+4z-21}=\dfrac{3z+4}{z+7}$ $\left[-\dfrac{1}{2}\right]$

387. *** $\dfrac{5x+2}{x-9}-\dfrac{3x-1}{x+9}=\dfrac{2x^2+3(25x+3)}{x^2-81}$ [indeterminata: $x\in\mathbb{Q}-\{3;-3\}$]

388. *** $\dfrac{y-2}{3-y}+\dfrac{4y^2}{2y^2-18}=\dfrac{y-4}{y+3}$ $[1]$

389. *** $\dfrac{2x+3}{x-3}-\dfrac{x+3}{x+5}=\dfrac{x^2-5x}{x^2+2x-15}$ $\left[-\dfrac{4}{3}\right]$

390. *** $\dfrac{5x-12}{x-3}-\dfrac{(2x+1)^2}{x^2-x-6}=\dfrac{x+6}{x+2}$ $\left[-\dfrac{7}{9}\right]$

391. *** $\dfrac{3}{x^2-25}+\dfrac{x-5}{x^2+5x}=\dfrac{x+5}{x^2-5x}$ [impossibile]

392. *** $\dfrac{1}{7-2x}-\dfrac{2+3x}{7x-2x^2}=\dfrac{2}{2x+7}$ $\left[-\dfrac{7}{16}\right]$

393. *** $\dfrac{2x+1}{x-3}+\dfrac{2-5x}{1-x}=\dfrac{x(2x-3)+5x^2}{x^2-4x+3}$ $\left[\dfrac{1}{3}\right]$

394. *** $\dfrac{1}{6}\left(\dfrac{2-x}{x-5}+\dfrac{x-10}{5+x}\right)=\dfrac{4x+6}{x^2-25}$ $\left[\dfrac{4}{7}\right]$

395. *** $\dfrac{2x-12}{x-1}-\dfrac{5}{x+6}=\dfrac{2x+3}{x+6}+\dfrac{3x-1}{x^2+5x-6}$ $[-7]$

396. *** $\dfrac{2x+3}{x^2-16}+\dfrac{5-x}{x^2-8x+16}=\dfrac{1}{x-4}$ $[6]$

397. *** $x-\dfrac{3x}{3-x}+\dfrac{2}{5x-2}=\dfrac{5x^3-2x(x+3)}{5x^2-17x+6}$ $\left[\dfrac{3}{4}\right]$

398. *** $\dfrac{x^2+1}{x-4}-\dfrac{x^2-1}{x+3}=\dfrac{x(7x+3)-4}{x^2-x-12}$ $[3]$

Problemi

399.

Esercizio svolto

Determina il numero il cui reciproco sommato a 5 dà 10.

Il quesito in linguaggio matematico viene trascritto come segue:

posto x = numero incognito

il reciproco di x sommato a 5 è uguale a 10

$$\frac{1}{x} \quad + \quad 5 \quad = \quad 10$$

Pertanto il quesito si trasforma in una semplice equazione razionale frazionaria; risolvi:

$$\frac{1}{x} + 5 = 10; \qquad \frac{1+5x}{x} = \frac{10x}{x}$$

C.E.: $x \neq 0$, $D = \mathbb{Q} - \{0\}$

$$\cancel{x}\frac{1+5x}{\cancel{x}} = \frac{10x}{\cancel{x}}\cancel{x}; \qquad 1 + 5x = 10x; \qquad -5x = -1; \qquad x = \frac{1}{5}$$

Il numero cercato è: $\frac{1}{5}$. La soluzione è accettabile poiché $\frac{1}{5} \in D$.

Risolvi i seguenti problemi tenendo conto di quanto indicato nell'esercizio svolto.

400. * Determina il numero il cui reciproco sottratto a 2 dà $\frac{3}{2}$. [2]

401. * Determina il numero il cui reciproco moltiplicato per 3 e sommato a $\frac{8}{11}$ dà $\frac{1}{2}$. $\left[-\frac{66}{5}\right]$

402. * Determina il numero che si deve aggiungere al denominatore della frazione $\frac{4}{5}$ per ottenere una frazione equivalente a $\frac{2}{3}$. [1]

403. * Determina il numero che si deve aggiungere a denominatore e numeratore della frazione $\frac{5}{6}$ per ottenere una frazione equivalente a $\frac{3}{5}$. $\left[-\frac{7}{2}\right]$

404. ** Determina un numero sapendo che il numero sommato al reciproco del suo quadruplo è uguale al doppio del numero stesso. $\left[\pm\frac{1}{2}\right]$

405. ** Determina il numero il cui reciproco è uguale a 4 volte il numero stesso. $\left[\pm\frac{1}{2}\right]$

406. ** Determina due numeri pari consecutivi sapendo che il loro rapporto è $\frac{4}{5}$. [8, 10]

407. ** Determina un numero sapendo che la somma del doppio del numero e 5 diviso per il triplo del numero dato dà come quoziente 4. [2]

408. *** Determina un numero positivo di due cifre sapendo che la cifra delle decine è uguale a 4 volte il reciproco della cifra delle unità e la differenza tra la cifra delle decine e quella delle unità è 0. [22]

409. *** Considera un numero di due cifre, la cui cifra delle unità è 6. Determina il numero sapendo che il rapporto tra il numero e il numero ottenuto sommandogli 4 è $\left(\frac{9}{10}\right)$. [36]

410. *** Dato un rettangolo di dimensioni 1 cm e 4 cm, per quale numero si devono dividere le dimensioni per ottenere un rettangolo di area 1 cm^2? [2]

Equazioni razionali letterali

Esercizi svolti

411. Considera la seguente equazione: $ax + x = 2$ con $a \in \mathbb{Q}$.
È un'equazione lineare letterale nell'incognita x.
Scrivi l'equazione in forma normale:

$x(a+1) = 2$

Determina per quali valori del parametro si annulla il coefficiente dell'incognita: $a + 1 = 0$ da cui $a = -1$.

Se $a \neq -1$ allora l'equazione è determinata e la soluzione è data da: $x = \frac{2}{a+1}$.

Se $a = -1$ devi controllare il valore del termine noto; il termine noto è 2, quindi l'equazione è impossibile; infatti, sostituendo il valore del parametro nell'equazione, ottieni:

$x(-1+1) = 2$ da cui $x \cdot 0 = 2$.

Pertanto si ha che:

$\forall a \in \mathbb{Q} - \{-1\}$, l'equazione è **determinata** e la sua soluzione è: $x = \frac{2}{a+1}$
per $a = 1$, l'equazione è **impossibile**.

412. Considera la seguente equazione: $4a^2x - x - 2a - 1 = 0$ con $a \in \mathbb{Q}$.
È un'equazione lineare letterale nell'incognita x.
Scrivi l'equazione in forma normale:

$x(4a^2 - 1) = 2a + 1$; $\quad x(2a-1)(2a+1) = 2a + 1$.

Determina per quali valori del parametro si annulla il coefficiente dell'incognita:

$(2a-1)(2a+1) = 0$, da cui $a = \frac{1}{2}$ e $a = -\frac{1}{2}$.

Se $a \neq \frac{1}{2}$ e $a \neq -\frac{1}{2}$ allora l'equazione è determinata e la soluzione è data da:

$$x = \frac{2a+1}{(2a-1)(2a+1)} = \frac{1}{2a-1}.$$

Se $a = \frac{1}{2}$ sostituendo si ottiene:

$$x\left(2\,\frac{1}{2} - 1\right)\left(2\,\frac{1}{2} + 1\right) = 2\,\frac{1}{2} + 1; \qquad x \cdot 0 = 2$$

quindi l'equazione è impossibile;

se $a = -\dfrac{1}{2}$ sostituendo si ottiene:

$$x\left[2\left(-\frac{1}{2}\right)-1\right]\left[2\left(-\frac{1}{2}\right)+1\right]=2\left(-\frac{1}{2}\right)+1; \qquad x\cdot 0 = 0$$

quindi l'equazione è indeterminata.
Pertanto si ha che:

$\forall a \in \mathbb{Q} - \left\{\dfrac{1}{2}; -\dfrac{1}{2}\right\}$ l'equazione è **determinata** e la soluzione è: $x = \dfrac{1}{2a-1}$,

per $a = \dfrac{1}{2}$ l'equazione è **impossibile**;

per $a = -\dfrac{1}{2}$ l'equazione è **indeterminata**.

413. Considera la seguente equazione: $\dfrac{x+2b}{3} - \dfrac{b-x}{b} = 2b+3$ con $b \in \mathbb{Q}$.

Contrariamente a quanto può apparire a uno sguardo superficiale, tale equazione non è frazionaria ma è intera in quanto l'incognita non compare in alcun denominatore.
Per poterla risolvere devi calcolare il minimo comun denominatore:
m.c.m. $(3; b) = 3b$;
perché l'equazione non perda significato, devi porre il m.c.m. $\neq 0$, pertanto si ha:

$3b \neq 0$, da cui $b \neq 0$

che è la condizione di esistenza dell'equazione rispetto al parametro b.
Ora procedi alla risoluzione dell'equazione.

$$\frac{x+2b}{3} - \frac{b-x}{b} = 2b+3$$

$$\cancel{3b}\,\frac{b(x+2b)-3(b-x)}{\cancel{3b}} = \frac{3b(2b+3)}{\cancel{3b}}\,\cancel{3b}$$

$$bx + 2b^2 - 3b + 3x = 6b^2 + 9b$$
$$x(b+3) = 4b^2 + 12b$$
$$x(b+3) = 4b(b+3)$$

Ponendo il coefficiente dell'incognita diverso da zero si ha:

$b + 3 \neq 0$ da cui $b \neq -3$.

Per tutti i valori del parametro diversi da -3 l'equazione è determinata e la soluzione è data da:

$$x = 4b$$

Per $b = -3$ sostituendo ottieni:

$$x0 = 0$$

quindi l'equazione è indeterminata.
Pertanto $\forall b \in \mathbb{Q} - \{-3; 0\}$ l'equazione è **determinata** e la soluzione è: $4b$;
per $b = -3$ l'equazione è **indeterminata**;
per $b = 0$ l'equazione **perde significato**.

Risolvi e discuti le seguenti equazioni nell'incognita *x*, come negli esercizi svolti.

414. * $ax = 1$ $\left[\forall a \in \mathbb{Q} - \{0\} \quad x = \frac{1}{a}\text{, per } a = 0 \text{ equazione impossibile}\right]$

415. * $2ax + x = a$ $\left[\forall a \in \mathbb{Q} - \left\{-\frac{1}{2}\right\} \quad x = \frac{a}{2a+1}\text{, per } a = -\frac{1}{2} \text{ equazione impossibile}\right]$

416. * $x - 3ax + 3a = 1$ $\left[\forall a \in \mathbb{Q} - \left\{\frac{1}{3}\right\} \quad x = 1\text{, per } a = \frac{1}{3} \text{ equazione indeterminata}\right]$

417. * $bx + 4x - 3 = b$ $\left[\forall b \in \mathbb{Q} - \{-4\} \quad x = \frac{b+3}{b+4}\text{, per } b = -4 \text{ equazione impossibile}\right]$

418. * $kx - 5x = 6 - 3k$ $\left[\forall k \in \mathbb{Q} - \{5\} \quad x = \frac{6-3k}{k-5}\text{, per } k = 5 \text{ equazione impossibile}\right]$

419. * $bx - 7(1 - x) = b$ $\left[\forall b \in \mathbb{Q} - \{-7\} \quad x = 1\text{, per } b = -7 \text{ equazione indeterminata}\right]$

420. * $6x - 2kx + k + 2 = 5$ $\left[\forall k \in \mathbb{Q} - \{3\} \quad x = \frac{1}{2}\text{, per } k = 3 \text{ equazione indeterminata}\right]$

421. * $4x - 3ax = ax + a - 1$ $\left[\forall a \in \mathbb{Q} - \{1\} \quad x = -\frac{1}{4}\text{, per } a = 1 \text{ equazione indeterminata}\right]$

422. * $2x + (b - 3)x + b = 2b - 5$ $\left[\forall b \in \mathbb{Q} - \{1\} \quad x = \frac{b-5}{b-1}\text{, per } b = 1 \text{ equazione impossibile}\right]$

423. * $k(x + 7) - 2k(x - 3) - 6x = 10x - 18$

$\left[\forall k \in \mathbb{Q} - \{-6\} \quad x = \frac{13k+18}{k+6}\text{, per } k = -16 \text{ equazione impossibile}\right]$

424. * $a^2 - 1 - 4x = (a - 1)(a + 1)$ $[\forall a \in \mathbb{Q} \quad x = 0]$

425. * $(9a-3)x + 6x - 7a = 1 - 4a$ $\left[\forall a \in \mathbb{Q} - \left\{-\frac{1}{3}\right\} \quad x = \frac{1}{3}\text{, per } a = -\frac{1}{3} \text{ equazione indeterminata}\right]$

426. ** $2b - b(x-2) = 3 + x(b-1)$ $\left[\forall b \in \mathbb{Q} - \left\{\frac{1}{2}\right\} \quad x = \frac{3-4b}{1-2b}\text{, per } b = \frac{1}{2} \text{ equazione impossibile}\right]$

427. ** $bx(b - 4) + 4(x + b) = b^2 + 4$ $[\forall b \in \mathbb{Q} - \{2\} \quad x = 1\text{, per } b = 2 \text{ equazione indeterminata}]$

428. ** $2ax(a^2 + 1) - (2a^2 + x)(ax - 1) = x(3 - ax)$

$\left[\forall a \in \mathbb{Q} - \{2\} \quad x = -\frac{a^2}{a-2}\text{, per } a = 2 \text{ equazione impossibile}\right]$

429. ** $(b-1)x+2x+(2-3b)x=9-4b^2$

$\left[\forall b\in\mathbb{Q}-\left\{\frac{3}{2}\right\}\quad x=3+2b,\text{ per } b=\frac{3}{2}\text{ equazione indeterminata}\right]$

430. ** $a(1-2x)-(x+1)=a(2-x)$ $[\forall a\in\mathbb{Q}-\{-1\}\quad x=-1,\text{ per } a=-1\text{ equazione indeterminata}]$

431. ** $3x+(b-x)^2+2b=b^2+x^2+x$ $\left[\forall b\in\mathbb{Q}-\{1\}\quad x=\frac{b}{b-1},\text{ per } b=1\text{ equazione impossibile}\right]$

432. ** $x(a-1)^2-4(3-a)=x(7-a)+a^2(a-3)$

$[\forall a\in\mathbb{Q}-\{3;\,-2\}\quad x=a-2,\text{ per } a=3\text{ equazione indeterminata, per } a=-2\text{ equazione indeterminata}]$

433. ** $(x-a)^2-(x+a)^2+2a=4a^2$ $\left[\forall a\in\mathbb{Q}-\{0\}\quad x=\frac{1-2a}{2},\text{ per } a=0\text{ equazione indeterminata}\right]$

434. ** $(x+a)(x-a)-(x+a)^2=2x+2a$ $[\forall a\in\mathbb{Q}-\{-1\}\quad x=-a,$ ....$]$

435. ** $x^2+18x+81=(x+a)^2$ $\left[\forall a\in\mathbb{Q}-\{9\}\quad x=-\frac{a+9}{2},\right.$ ....$\left.\right]$

436. ** $4a(xa-1)+x^2=(x+3)^2+3(x-1)$ $\left[\forall a\in\mathbb{Q}-\left\{-\frac{3}{2};\,\frac{3}{2}\right\}\quad x=\frac{1}{2a-3},\right.$ ....$\left.\right]$

437.

Esercizio svolto

Risolvi la seguente equazione letterale:

$$\frac{x}{k}+\frac{x-1}{k-1}=2\quad\text{con}\quad k\in\mathbb{Q}$$

Contrariamente a quanto può apparire a uno sguardo superficiale, tale equazione non è fratta ma è intera, in quanto l'incognita non compare in alcun denominatore.
Per poterla risolvere bisogna calcolare il minimo comun denominatore:

m.c.m. $(k;\ k-1)=k\ (k-1)$

Perché l'equazione non perda significato, devi porre il m.c.m. $\neq 0$, ottieni:

$k(k-1)\neq 0$ da cui: $k\neq 0$ e $k\neq 1$

che sono le condizioni di esistenza dell'equazione rispetto al parametro k.
Ora procedi alla risoluzione dell'equazione.

$$\frac{x(k-1)+k(x-1)}{k(k-1)}=\frac{2k(k-1)}{k(k-1)}$$

$$xk-x+kx-k=2k^2-2k$$

$$2kx-x=2k^2-k$$

$$x(2k-1)=k(2k-1)$$

Ponendo il coefficiente dell'incognita diverso da zero ottieni:

$$2k-1 \neq 0 \quad \text{da cui:} \quad k \neq \frac{1}{2}$$

Per tutti i valori del parametro diversi da $\frac{1}{2}$ si ha che l'equazione è determinata e la soluzione è data da: $x = k$.

Per $k = \frac{1}{2}$ anche il termine noto si annulla per cui si ha che: $x \cdot 0 = 0$, quindi l'equazione è indeterminata.

Pertanto si ha che:

Valore del parametro	Soluzione dell'equazione	Equazione
$\forall k \in \mathbb{Q} - \left\{0; 1; \frac{1}{2}\right\}$	$x = k$	determinata
$k = 0$		perde significato
$k = 1$		perde significato
$k = \frac{1}{2}$	infinite	indeterminata

438. ** $\frac{4x}{a-1} + \frac{a}{2} - \frac{a+x}{4} = \frac{a}{2a-2} - \frac{x(5a-1)}{4a-4}$

[$\forall a \in \mathbb{Q} - \{1; 3\}$ $x = \frac{a}{6}$, per $a = 3$ equazione indeterminata, per $a = 1$ equazione perde di significato]

439. ** $\frac{x+2}{a-1} - \frac{x-2}{a+1} = \frac{x}{a^2-1}$

[$\forall a \in \mathbb{Q} - \left\{1; -1; \frac{1}{2}\right\}$ $x = \frac{4}{1-2a}$, per $a = \frac{1}{2}$ equazione impossibile, per $a = \pm 1$ equazione perde di significato]

440. ** $\frac{x}{a+2} - \frac{x}{4} - \frac{16}{a^2-4} = \frac{a-2}{a+2} - \frac{a+2}{a-2}$

[$\forall a \in \mathbb{Q} - \{2; -2\}$ $x = \frac{32}{a-2}$, per $a = \pm 2$ equazione perde di significato]

441. ** $\frac{x}{a} - \frac{2x-1}{2a} = x - 3$ [$\forall a \in \mathbb{Q} - \{0\}$ $x = \frac{6a+1}{2a}$, per $a = 0$ equazione perde di significato]

442. ** $\frac{x}{a} - \frac{2x}{3+a} + \frac{1}{a^2+3a} = 0$

[$\forall a \in \mathbb{Q} - \{0; -3; 3\}$ $x = \frac{1}{a-3}$, per $a = 3$ equazione impossibile, per $a = 0; -3$ equazione perde di significato]

443. ** $\dfrac{3x+1}{a} - \dfrac{1-2ax}{a^2} = x$ $\left[\forall a \in \mathbb{Q} - \{0; 5\} \quad x = \dfrac{1-a}{a(5-a)},\right.$

$\left.\text{per } a = 5 \text{ equazione impossibile, per } a = 0 \text{ equazione perde di significato}\right]$

444. ** $ax - 2x = \dfrac{a^2-4}{3+a}$ $\left[\forall a \in \mathbb{Q} - \{2; -3\} \quad x = \dfrac{a+2}{3+a},\right.$

$\left.\text{per } a = 2 \text{ equazione indeterminata, per } a = -3 \text{ equazione perde di significato}\right]$

445.

Esercizio svolto

Risolvi e discuti la seguente equazione letterale nell'incognita *x*:

$$2x + a = bx + 5$$

raccogliendo i termini in x e scrivendola in forma normale ottieni:

$2x - bx = 5 - a$ $\qquad x(2-b) = 5 - a$

Se $b \neq 2$ e $a \neq 5$ l'equazione è **determinata** e la soluzione è: $x = \dfrac{5-a}{2-b}$.

Se $b = 2$ e $a \neq 5$ l'equazione diventa $0x = 5 - a$ ma essendo $5 - a \neq 0$ l'equazione è **impossibile**.
Se $b = 2$ e $a = 5$ l'equazione diventa $0x = 0$, quindi l'equazione è **indeterminata**.

446. * $ax + b - 1 = 0$

$\left[\forall a \in \mathbb{Q} - \{0\} \quad x = \dfrac{1-b}{a}, \text{ per } a=0 \text{ e } b \neq 1 \text{ equazione impossibile, per } a=0 \text{ e } b=1 \text{ equazione indeterminata}\right]$

447. * $2bx + 3a = 2$ $\left[\forall b \in \mathbb{Q} - \{0\} \quad x = \dfrac{2-3a}{2b},\right.$

$\left.\text{per } b = 0 \text{ e } a \neq \dfrac{2}{3} \text{ equazione impossibile, per } b = 0 \text{ e } a = \dfrac{2}{3} \text{ equazione indeterminata}\right]$

448. * $ax - 4x + 2b - 1 = 0$ $\left[\forall a \in \mathbb{Q} - \{4\} \quad x = \dfrac{1-2b}{a-4},\right.$

$\left.\text{per } a = 4 \text{ e } b \neq \dfrac{1}{2} \text{ equazione impossibile, per } a = 4 \text{ e } b = \dfrac{1}{2} \text{ equazione indeterminata}\right]$

449. * $3x - 5bx = 2(a - x)$ $\left[\forall b \in \mathbb{Q} - \{1\} \quad x = \dfrac{2a}{5(1-b)},\right.$

$\left.\text{per } b = 1 \text{ e } a \neq 0 \text{ equazione impossibile, per } b = 1 \text{ e } a = 0 \text{ equazione indeterminata}\right]$

450. * $3x(1-2b) = 2a + x$ $\left[\forall b \in \mathbb{Q} - \left\{\dfrac{1}{3}\right\} \quad x = \dfrac{a}{1-3b},\right.$

$\left.\text{per } b = \dfrac{1}{3} \text{ e } a \neq 0 \text{ equazione impossibile, per } b = \dfrac{1}{3} \text{ e } a = 0 \text{ equazione indeterminata}\right]$

451. ** $b(4+x)+x(b-2)=2(3a+2b-1)$ $\left[\forall b\in\mathbb{Q}-\{1\} \quad x=\frac{3a-1}{b-1},\right.$

$\left.\text{per } b=1 \text{ e } a\neq\frac{1}{3} \text{ equazione impossibile, per } b=1 \text{ e } a=\frac{1}{3} \text{ equazione indeterminata}\right]$

452. ** $(2x+1)(b-1)-b(x+1)=a^2-10$ $\left[\forall b\in\mathbb{Q}-\{2\} \quad x=\frac{a^2-9}{b-2}, \ldots\ldots\right]$

453. ** $ax-b=b-ax$ $\left[\forall a\in\mathbb{Q}-\{0\} \quad x=\frac{b}{a}, \ldots\ldots\right]$

454. ** $(2a-3b)(1-x)=0$ $\left[\forall a, b\in\mathbb{Q}/b\neq\frac{2a}{3} \quad x=1, \ldots\ldots\right]$

455. ** $b(2x-a)=0$ $\left[\forall b\in\mathbb{Q}-\{0\} \quad x=\frac{a}{2}, \ldots\ldots\right]$

456. ** $(p+q)x=(p-q)x+1$ $\left[\forall q\in\mathbb{Q}-\{0\} \quad x=\frac{1}{2q}, \ldots\ldots\right]$

457. ** $(k-t)(x-4)=0$ $[\forall k, t\in\mathbb{Q}/k\neq t \quad x=4, \ldots\ldots]$

458. ** $a(3x+1)=x(b+a)$ $\left[\forall a, b\in\mathbb{Q}/b\neq 2a \quad x=\frac{a}{b-2a}, \ldots\ldots\right]$

459. ** $(a+b)^2-(x+a)^2=3ax-x^2$ $\left[\forall a\in\mathbb{Q}-\{0\} \quad x=\frac{b(b+2a)}{5a}, \ldots\ldots\right]$

460. ** $(x+a)(x-b)=(x-b)^2$ $[\forall a, b\in\mathbb{Q}/a\neq -b \quad x=b, \ldots\ldots]$

Risolvi e discuti le seguenti equazioni letterali nell'incognita *x*. (Nelle soluzioni sono omesse le discussioni.)

461. ** $(b+2a)(b-x)=(b-a)(a+b)+3a^2$ $[2a]$

462. ** $3b(x+1)+2ax=3a$ $\left[\frac{3(a-b)}{3b+2a}\right]$

463. ** $(a+b)(a-b)=(a-x)b-b(x+b)$ $\left[\frac{a(b-a)}{2b}\right]$

464. ** $x(a-b)+a(x-2)=b(x+2)$ $\left[\frac{a+b}{a-b}\right]$

465. *** $\frac{2x+3}{a}+\frac{4-5x}{b}=\frac{5b-a}{ab}$ $[1]$

466. *** $\frac{x+k}{t}-\frac{x+t}{k}=0$ $[-k-t]$

467. *** $\frac{x-1}{a^2}-\frac{x+1}{b^2}=\frac{2}{ab}$ $\left[\frac{b+a}{b-a}\right]$

468. *** $\dfrac{x-2a}{a-b}-\dfrac{x+2a}{a+b}=\dfrac{a^2}{a^2-b^2}$ $\left[\dfrac{5a^2}{2b}\right]$

469. *** $\dfrac{x+1}{a}-\dfrac{x}{b}+\dfrac{x-1}{b-1}=\dfrac{x(b+1)}{b^2-b}$ $[-1]$

470.

Esercizio svolto

Considera la seguente equazione: $\dfrac{a}{x+1}=\dfrac{2a+3}{x}$ con $a\in\mathbb{Q}$.

È un'equazione letterale frazionaria nell'incognita x.
Determina le condizioni di esistenza delle frazioni algebriche:

$x\neq 0$ e $x+1\neq 0$ da cui $x\neq -1$

quindi C.E.: $x\neq 0$; $x\neq -1$ da cui $D=\mathbb{Q}-\{-1;0\}$

procedi alla risoluzione: $\dfrac{ax}{x(x+1)}=\dfrac{(2a+3)(x+1)}{x(x+1)}$;

$ax=2ax+2a+3x+3;\ -ax-3x=2a+3;\ x(a+3)=-(2a+3)$

Determina per quali valori del parametro si annulla il coefficiente dell'incognita:
$a+3=0$ da cui $a=-3$

Per $a\neq -3$ l'equazione ha come soluzione: $x=-\dfrac{2a+3}{a+3}$.

Questa soluzione non è accettabile per tutti i valori del parametro che la rendono uguale a 0 o a -1; quindi devi determinare tali valori:

$0=-\dfrac{2a+3}{a+3}$	$-1=-\dfrac{2a+3}{a+3}$
$2a+3=0$	$-a-3=-2a-3$
$a=-\dfrac{3}{2}$	$a=0$

Pertanto, l'equazione è **determinata** per $a\in\mathbb{Q}-\left\{0,-3,-\dfrac{3}{2}\right\}$ e in questo caso la soluzione è: $x=-\dfrac{2a+3}{a+3}$;

per $a=-3$ l'equazione diventa: $x(-3+3)=-[2(-3)+3]$ da cui $x\cdot 0=3$ e l'equazione è **impossibile**;

per $a=0$ e $a=-\dfrac{3}{2}$ l'equazione **perde significato**.

Risolvi e discuti le seguenti equazioni nell'incognita *x*. (Nelle soluzioni sono omesse le discussioni.)

471. * $\dfrac{a}{x}=\dfrac{3a+1}{x-1}$ $\left[-\dfrac{a}{2a+1}\right]$

472. * $\dfrac{1}{x+1}+\dfrac{3}{x}=\dfrac{a}{1+x}$ $\left[\dfrac{3}{a-4}\right]$

473. * $\dfrac{1}{x+b}+\dfrac{1}{x+a}=0$ $\left[-\dfrac{a+b}{2}\right]$

474. ** $\dfrac{x+3}{x+a}-\dfrac{x-3}{x-a}=\dfrac{3-a}{x^2-a^2}$ $\left[\dfrac{1}{2}\right]$

475. ** $\dfrac{x-b}{x-2b}-\dfrac{b^2}{x^2-4b^2}=\dfrac{x}{x+2b}$ $[b]$

476. *** $\dfrac{1}{x-a}+\dfrac{a}{x^2-2ax+a^2}=\dfrac{1+a}{a-x}$ $\left[\dfrac{a(a+1)}{a+2}\right]$

477. *** $\dfrac{2}{a^2+2a}-\dfrac{1+a}{a}+\dfrac{ax-1}{ax+2x}=0$ $\left[-\dfrac{1}{3}\right]$

478. *** **Determina per quali valori del parametro k l'equazione $3(x+1)-k=5$ è indeterminata.** [∅]

479. *** **Determina per quali valori del parametro a l'equazione $(a+2)x=3+a$ è impossibile.** $[-2]$

480. *** **Data l'equazione $(3+2b)x=9-4b^2$, determina per quali valori del parametro b l'equazione è indeterminata.** $\left[-\dfrac{3}{2}\right]$

481. *** **Per quale valore del parametro a l'equazione $a^2(a+1)x+2a^3-a+1=0$ è impossibile?**

☐ $a=2$; ☐ $a=1$; ☐ $a=-1$; ☐ $a=-2$; ☐ $a=0$.

482. *** **Per quale valore del parametro k l'equazione $(k^2-4)x+k^2-3k+2=0$ è indeterminata?**

☐ $k=-1$; ☐ $k=1$; ☐ $k=-2$; ☐ $k=2$; ☐ $k=4$.

483. *** **Data l'equazione $(m^2+3m+2)x=m^2-4$, quale tra le seguenti proposizioni è vera?**

	V	F
a) Per $m=-1$ l'equazione è impossibile;	☐	☐
b) per $m=1$ l'equazione è indeterminata;	☐	☐
c) per $m=-4$ l'equazione ha come soluzione $x=-\dfrac{3}{2}$;	☐	☐
d) non esiste un valore di m che rende l'equazione impossibile;	☐	☐
e) l'equazione ammette la soluzione $x=0$ per $m=2$.	☐	☐

484. *** **Data l'equazione $\dfrac{x+4k}{3k}+k=\dfrac{2k+x}{2}+\dfrac{2x}{k}-1$, per quale valore del parametro k l'equazione ammette la soluzione $x=-2$?** $[k=-1]$

485. *** **Risolvi e discuti la seguente equazione $\dfrac{3x}{m-2}+2=\dfrac{x+2m-3}{m}$, rispondi poi alle seguenti domande.**

a) Per quale valore del parametro k l'equazione ammette la soluzione $x=-2$? $[m=-10]$

b) Per quale valore del parametro m la soluzione è uguale a 1? $\left[m=\dfrac{4}{5}\right]$

c) L'equazione può essere indeterminata?

d) Per $m = \frac{2}{7}$ la soluzione è uguale a 2?

486. *** **Data l'equazione** $\frac{x+m}{2k} + \frac{x-k}{2m} - \frac{m^2-k^2}{km} = 0$ **quale tra le seguenti proposizioni è vera?**

	V	F
a) Per $m = 2$ l'equazione perde significato;	□	□
b) per $k = 0$ l'equazione è impossibile;	□	□
c) per $k \neq -m$ l'equazione ha come soluzione $x = m - k$;	□	□
d) per $k = m$ l'equazione ha come soluzione $x = 2m + 1$.	□	□

487. *** **Data l'equazione** $\frac{a+x}{x-2} + \frac{a(1+2x)}{4-x^2} = \frac{x-a}{x+2}$, **rispondi ai seguenti quesiti.**

a) Per quali valori di x l'equazione perde significato?
b) L'equazione ridotta ai minimi termini è $4x - a = 0$?
c) Per $a = -8$ l'equazione è impossibile?
d) Perché l'equazione non può essere indeterminata? (Giustifica la risposta.)

488. *** **Data l'equazione** $2ax + 3x - 4a^2 + 9 = 0$, **stabilisci il valore di verità (Vero o Falso) delle seguenti proposizioni.**

	V	F
a) Se $a \in \mathbb{Q} - \left\{-\frac{2}{3}\right\}$ l'equazione è determinata.	□	□
b) Se $a = \frac{3}{2}$ l'equazione è impossibile.	□	□
c) Se $a = \frac{3}{2}$ l'equazione è indeterminata.	□	□
d) Se $a = \frac{1}{2}$ l'equazione ha soluzione $x = -2$.	□	□

489. *** **Data l'equazione** $3ax - 5x = b + 1$, **stabilisci il valore di verità (Vero o Falso) delle seguenti proposizioni.**

	V	F
a) Se $b \in Q - \{-1\}$ l'equazione è determinata.	□	□
b) Se $a \in \mathbb{Q} - \left\{\frac{5}{3}\right\}$ l'equazione è determinata.	□	□
c) Se $a \neq \frac{5}{3}$ e $b = 1$ l'equazione è impossibile.	□	□
d) Se $a = \frac{5}{3}$ l'equazione è indeterminata.	□	□

PERCORSO DI RECUPERO

Prima di affrontare il Percorso di Recupero, rileggi attentamente la SINTESI che trovi alle pagg. 556 e 557, in cui sono illustrati i concetti fondamentali di questa Unità con i relativi esempi.

1. Considera le seguenti uguaglianze:

a) $3x + x = 10x - 6x$; *b*) $15x - 12 = 7x + 4$.

Sostituisci alla x alcuni valori numerici e stabilisci se l'uguaglianza è verificata.
Rispondi:

nel caso *a*) l'uguaglianza è verificata per tutti i valori che hai sostituito alla x? ....

E nel caso *b*)? .... Quindi puoi dire che l'uguaglianza .... è un'identità.

2. Applica il procedimento indicato nell'esercizio 1 per stabilire quali delle seguenti uguaglianze sono identità.

a) $3x + 2 = 5$; *b*) $5x(x + 1) = 5x^2 + 5$;

c) $a(5 - a) = 5 - a^2$; *d*) $7x + 9 = 6x - 3$;

e) $a + 2a + 3(a - 2) = 6a - 6$; *f*) $8(x^2 - 1) = (8x - 8)(x + 1)$.

3. Individua qual è la soluzione dell'equazione, tra quelle proposte in ogni caso.

RIFLETTI

Basta sostituire all'incognita i valori numerici proposti e controllare per quali di essi l'uguaglianza è verificata.

a) $2x + 4 = 5x - 8$ $\quad x = 4$; $\quad x = -4$; $\quad x = 2$.

b) $-5x + 7 = -20 + 4x$ $\quad x = -3$; $\quad x = 3$; $\quad x = -9$.

c) $2 + \frac{1}{2}x = \frac{3}{2}x + 2x$ $\quad x = \frac{2}{3}$; $\quad x = \frac{3}{2}$; $\quad x = -\frac{3}{2}$.

d) $\frac{3x - 6}{2} - \frac{7x - 1}{4} = \frac{x - 4}{6}$ $\quad x = 5$; $\quad x = -5$; $\quad x = -\frac{1}{5}$.

4. Data l'equazione:

$$6x - 4 = -10$$

per verificare che la soluzione è $x = -1$ basta sostituire -1 alla x; ottieni:

$6(-1) - 4 = -10 \rightarrow -6 - 4 = -10 \rightarrow -10 = -10$

RICORDA

Due equazioni sono **equivalenti** quando ammettono lo stesso insieme delle soluzioni.

a) Addiziona a entrambi i membri il numero $+3$; ottieni:

$6x - 4 + 3 = -10 + 3$

Questa nuova equazione è verificata per $x = -1$? .... Quindi essa .... all'equazione data.

b) Addiziona $+3$ al 1° membro e -3 al 2° membro; ottieni:

$6x - 4 + 3 = -10 - 3$

Questa nuova equazione è verificata per $x = -1$? .... Quindi essa .... all'equazione data. Confronta le risposte date ai punti *a*) e *b*) e spiega la differenza.

c) Cambia il segno a tutti i termini dell'equazione data, il che equivale a moltiplicarli tutti per ....; ottieni:

$$-6x + 4 = +10$$

Questa nuova equazione è verificata per $x = -1$? .... Quindi .... all'equazione data.

d) Dividi tutti i termini dell'equazione data per $+2$; ottieni: $3x - 2 = -5$
Questa nuova equazione è verificata per $x = -1$? .... Quindi essa .... all'equazione data. Quale principio di equivalenza è stato applicato nei casi *c*) e *d*)?

5. Completa il procedimento di risoluzione e la verifica della seguente equazione. (← Vedi esercizi svolti n. 48, n. 49 e n. 50 a pag. 562.)

$-7x + 3(x - 5) = 12x + 17$

1) Si eseguono le operazioni indicate:
$-7x + 3x - 15 = 12x + 17$

2) Si trasportano al 1° membro i termini con l'incognita e al 2° membro i termini noti, cambiandoli di segno; si applica cioè il 1° principio di equivalenza;
$-7x + 3x$ .... $= 17$ ....

3) Si riducono i termini simili:
$-16x =$ ....

4) Si dividono i due membri per il coefficiente della x, cioè per ...., applicando il 2° principio di equivalenza:
$$\frac{-16x}{\ldots\ldots} = \frac{\ldots\ldots}{\ldots\ldots}$$
si ottiene $x =$ ...., che è la soluzione dell'equazione.

5) Per controllare che il valore trovato è la soluzione dell'equazione, si esegue la verifica, sostituendolo alla x nel testo dell'equazione:
$-7 \cdot (\ldots\ldots) + 3 \cdot (\ldots\ldots - 5) = 12 \cdot (\ldots\ldots) + 17$
Continua tu ....

Seguendo il procedimento indicato nell'esercizio precedente, risolvi le seguenti equazioni ed esegui la verifica.

6. $5(1 - x) - 2(3 - x) = 4 + 2(x - 4) - 7.$

7. $(x + 2)(x - 2) + 2x(x + 1) = 3x^2 - x + 1.$

8. $\dfrac{2x + 3}{2} + \dfrac{3x - 1}{4} = \dfrac{3(x - 1)}{3} + \dfrac{1}{2}x.$

9. $\dfrac{x(x + 2)}{5} - \dfrac{2x(x + 1)}{3} = \dfrac{x^2}{15} + \dfrac{2(x - 1)}{3} - \dfrac{8(x^2 + 1)}{15}.$

10. Trasforma le seguenti frasi in equazioni e poi risolvile, seguendo l'esempio.

Esempio

La metà di un numero aumentata dei suoi $\frac{3}{5}$ è uguale a 11.

$\downarrow$ $\frac{1}{2}x$ $\quad$ $\downarrow$ $+$ $\quad$ $\downarrow$ $\frac{3}{5}x$ $\quad$ $\downarrow$ $= 11$

Qual è il numero?

Si ottiene l'equazione $\frac{1}{2}x + \frac{3}{5}x = 11.$

Risolvila: $10 \cdot \frac{1}{2}x + 10 \cdot \frac{3}{5}x = 10 \cdot 11 \Rightarrow 5x + 6x = 110 \Rightarrow x = 10$

Il numero cercato è 10. $\qquad 11 = 11$

a) Il doppio di un numero, diminuito dei suoi $\frac{3}{2}$, è uguale a 17.

b) Calcola due numeri sapendo che uno è $\frac{3}{4}$ dell'altro e la loro differenza è 5.

c) La somma di tre numeri consecutivi è 123; calcola i tre numeri.

d) Calcola un numero sapendo che il doppio del suo consecutivo è uguale al suo triplo diminuito di 4.

11. Risolvi i seguenti problemi mediante equazione.
(← Vedi esercizi svolti n. 185 a pag. 570 e n. 186, n. 187, n. 188 e n. 189 a pag. 571.)

a) Di un rotolo di tela vengono usati prima la metà, poi i $\frac{2}{5}$ e infine $\frac{1}{3}$ del rimanente. Sapendo che sono stati usati in tutto 56 m di tela, calcola la lunghezza totale del rotolo. (*Puoi indicare con x la lunghezza totale* ....).

b) In un triangolo isoscele l'ampiezza di un angolo al vertice è i $\frac{4}{7}$ dell'ampiezza di ciascun angolo alla base. Calcola l'ampiezza dei tre angoli del triangolo.

12. Data la seguente equazione razionale fratta, individua le C.E. delle frazioni algebriche che vi compaiono e il dominio D dell'equazione.

$$\frac{5x+1}{x+3} - \frac{2x-1}{4-2x} = 0$$

a) I denominatori presenti sono irriducibili oppure no? ....

b) Scomponendo il secondo denominatore si ha ....

c) Il m.c.m. è ....

d) Il m.c.m. è diverso da zero per $x \neq$ .... e $x \neq$ ....

e) Le C.E. sono ....

f) Il dominio è: D = $\mathbb{Q}$ − {...............}.

RICORDA

Il **dominio** è l'insieme dei valori per i quali hanno significato tutti i termini dell'equazione.

Seguendo il procedimento dell'esercizio precedente determina il dominio delle seguenti equazioni.

13. $\frac{x}{2x+1} - \frac{3x+2}{x-4} = \frac{x+1}{2x-8}$. **14.** $\frac{6-x}{6+2x} - \frac{2}{5x-1} = \frac{5}{2}$. **15.** $\frac{4x+5}{2x^2-4x} + \frac{8x-7}{x} = 0$.

16. $\frac{x^2+1}{x^2-1} + \frac{2x}{1-x} = \frac{1-3x}{x+1}$. **17.** $\frac{1}{2x-1} + \frac{6x-1}{4x^2-4x+1} = \frac{3x-2}{2x+1}$.

18. Completa la risoluzione della seguente equazione razionale frazionaria.
(← Vedi esercizi svolti n. 304 a pag. 580, n. 305 e n. 306 a pag. 581.)

$$\frac{2x}{3x+1} - \frac{1}{2} = 0$$

a) Si determina il m.c.m, tra i denominatori: m.c.m. = $2(3x+1)$.

b) Si pone il m.c.m. $\neq 0$: $2(3x+1) \neq 0$, da cui si ottiene: $3x+1 \neq 0$, $3x \neq -1$, $x \neq -\frac{1}{3}$.

c) Il dominio dell'equazione è D = $\mathbb{Q}$ − {...............}.

d) Si riducono entrambi i membri dell'equazione al m.c.m. $\frac{2(2x) - 1(3x+1)}{2(3x+1)} = \frac{0}{2(3x+1)}$.

e) Si applica il 2° principio di equivalenza moltiplicando entrambi i membri dell'equazione per $2\,(3x+1)$ e si eseguono le operazioni indicate:

$$\cancel{2\,(3x+1)}\,\frac{4x-3x-1}{\cancel{2\,(3x+1)}} = \frac{0}{\cancel{2\,(3x+1)}}\,\cancel{2\,(3x+1)}, \qquad 4x-3x-1=0, \qquad x=1$$

f) Si confronta la soluzione trovata con il dominio dell'equazione: $1 \in D$? sì/no, pertanto la soluzione è $x =$ ....

Seguendo il procedimento dell'esercizio precedente risolvi le seguenti equazioni.

19. $\dfrac{2x+3}{2x+5} = \dfrac{x-3}{x+2}$.

20. $\dfrac{x+1}{2x-1} - \dfrac{x+5}{2x+1} = \dfrac{1}{4x^2-1}$.

21. $\dfrac{x-2}{x+1} - \dfrac{2x+3}{x-1} = \dfrac{1-x^2-6x}{x^2-1}$.

22. $1 + \dfrac{1}{3x+1} = \dfrac{9x^2+4}{9x^2+6x+1}$.

23. Completa la risoluzione e la discussione della seguente equazione letterale nell'incognita *x*:
$12a - 4a^2x - 6 + x = 0$
(← Vedi esercizi svolti n. 411 e n. 412 a pag. 588 e n. 413 a pag. 589.)

a) Si scrive l'equazione in forma normale: $x - 4a^2x + 12a - 6 = 0$

x(..........) = ...

b) Si determinano i valori del parametro che annullano il coefficiente dell'incognita:

$1 - 4a^2 \neq 0$, $(1-2a)(1+2a) \neq 0$, da cui: $a \neq$ ...., $a \neq$ ....

c) Se $a \in \mathbb{Q} - \{\pm$ ....$\}$ allora l'equazione è determinata e la soluzione è data da: $x =$ ....

d) Se $a =$ .... allora sostituendo il valore nell'equazione si ottiene:

$x\,(1 - 4$ (.........)$^2) = 6\,(1 - 2 \cdot$ ....)

e l'equazione è
- ☐ indeterminata
- ☐ impossibile

(scegli il termine corretto)

e) Se $a =$ .... allora sostituendo il valore nell'equazione si ottiene

$x\,(1 - 4$ (.........)$^2) = 6\,(1 - 2 \cdot$ ....)

e l'equazione è
- ☐ indeterminata
- ☐ impossibile

(scegli il termine corretto)

Seguendo il procedimento dell'esercizio precedente risolvi le seguenti equazioni letterali nell'incognita *x*.

24. $ax + 3x = 2a - 1$.

25. $2ax - 3x = 4a^2 - 9$.

26. $\dfrac{x}{a} + \dfrac{2x+1}{2a} = \dfrac{1-x}{a^2}$.

27. $\dfrac{a}{x} + \dfrac{a-1}{x+1} = \dfrac{3a-1}{x^2+x}$.

AUTOCORREZIONE

1. sì; no; *a*).

2. Sono identità; *b*); *e*); *f*).

3. *a*) $x = 4$; *b*) $x = 3$; *c*) $x = \frac{2}{3}$; *d*) $x = -5$.

4. *a*) Sì; è equivalente; *b*) no; non è equivalente.
Nel caso *a*) abbiamo addizionato lo stesso numero a entrambi i membri, mentre nel caso *b*) no.
c) -1; sì, è equivalente. *d*) sì, è equivalente; il 2° principio di equivalenza.

5. 2) $-7x + 3x - 12x = +17 + 15$; 3) $-16x = 32$; 4) -16; $\frac{-16x}{-16} = \frac{+32}{16}$; $x = -2$.

5) $-7(-2) + 3(-2-5) = 12 \cdot (-2) + 17$
$14 - 6 - 15 = -24 + 17$
$-7 = -7$

6. 2.

7. $\frac{5}{3}$.

8. -9.

9. $\frac{9}{7}$.

10. *a*) $x = 34$; *b*) 15, 20; *c*) 40, 41, 42; *d*) 6.

11. *a*) 60 m; *b*) 40°, 70°, 70°.

12. $\mathbb{Q} - \{2; -3\}$. **13.** $\mathbb{Q} - \left\{4; -\frac{1}{2}\right\}$. **14.** $\mathbb{Q} - \left\{\frac{1}{5}; -3\right\}$. **15.** $\mathbb{Q} - \{2; 0\}$. **16.** $\mathbb{Q} - \{\pm 1\}$.

17. $\mathbb{Q} - \left\{\pm \frac{1}{2}\right\}$. **18.** 1. **19.** $-\frac{21}{8}$. **20.** $\frac{5}{6}$. **21.** Impossibile. **22.** $\frac{2}{9}$.

23. $\forall a \in \mathbb{Q} - \left\{\frac{1}{2}; -\frac{1}{2}\right\}$ $x = 6$, per $a = \frac{1}{2}$ eq. indeterminata per $a = -\frac{1}{2}$ eq. impossibile.

24. $\forall a \in \mathbb{Q} - \{-3\}$ $x = \frac{2a-1}{a+3}$, per $a = -3$ eq. impossibile.

25. $\forall a \in \mathbb{Q} - \left\{\frac{3}{2}\right\}$ $x = 2a + 3$, per $a = \frac{3}{2}$ eq. indeterminata.

26. $\forall a \in \mathbb{Q} - \left\{0; -\frac{1}{2}\right\}$ $x = \frac{2-a}{2(2a+1)}$, per $a = 0$ eq. perde di significato per $a = -\frac{1}{2}$ eq. impossibile.

27. $\forall x \in \mathbb{Q} - \{0; -1\}$ e $\forall a \in \mathbb{Q} - \left\{\frac{1}{2}\right\}$ $x = 1$, per $a = \frac{1}{2}$ eq. indeterminata.

SCHEDE DI INFORMATICA

Derive 6 e le equazioni numeriche

Derive 6 oltre ad essere utilizzato come valido supporto nel calcolo numerico e letterale, consente di:

1) trovare immediatamente la soluzione di un'equazione;
2) verificare la soluzione dell'equazione;
3) stabilire se un'equazione è impossibile o indeterminata.

Dopo aver inserito nella linea di Editing un'equazione di primo grado, per determinare la sua soluzione si clicca sul comando **Risolvi** del menu principale e successivamente su **Espressione**. Si apre così una finestra di dialogo che richiede:

- la variabile rispetto alla quale deve essere risolta l'equazione (ad esempio x);
- il metodo di risoluzione (Algebrico, Numerico o Entrambi): scegliendo **Algebrico** si ottiene la soluzione espressa da una frazione, scegliendo invece Numerico la soluzione è espressa mediante un numero decimale. Nel nostro corso di studio privilegeremo la scelta Algebrico;
- il dominio (Reale o Complesso). Sceglieremo, almeno per il corrente anno scolastico, il dominio **Reale**.

Cliccando a questo punto sul comando **Risolvi** nella finestra Algebra otterremo la seguente scrittura:

SOLVE(*testo dell'equazione inserita*, *x*, *Real*) seguita immediatamente dal valore della soluzione.

Esercizi svolti

1. Determiniamo la soluzione della seguente equazione:

$$2\left(\frac{1}{2}-x\right)-3(x-1)=2(x+2)-1$$

Dopo aver inserito l'equazione nella linea di Editing clicchiamo su **Risolvi** e poi su **Espressione**. Nella finestra di dialogo selezioniamo la variabile x, il metodo Algebrico e il dominio Reale. Cliccando poi su **Risolvi** otterremo la scrittura:

#1: $2\left(\frac{1}{2}-x\right)-3(x-1)=2(x+2)-1$

#2: $\text{SOLVE}\left(2\left(\frac{1}{2}-x\right)-3(x-1)=2(x+2)-1, Real\right)$

#3: $x=\frac{1}{7}$

Il tutto è illustrato nella schermata della fig. 1.

2. Verifichiamo la soluzione dell'equazione dell'esercizio precedente.
Per verificare la soluzione dell'equazione bisogna sostituire all'incognita, nell'equazione data, il valore $\frac{1}{7}$ e risolvere. Se otteniamo un'uguaglianza vuol dire che il valore trovato soddisfa l'equazione, quindi è la sua soluzione.
La verifica si esegue evidenziando l'intera equazione e cliccando sul comando del menu principale **Semplifica** e poi su **Sostituisci variabili**, si apre una finestra di dialogo nella quale viene chiesto di inserire il valore della soluzione. Inserito tale valore, cliccando su **OK** nella finestra Algebra viene visualizzata l'equazione data con il valore $\frac{1}{7}$ al posto della x, col comando dal menu principale **Semplifica** poi = **Base** si otterrà l'uguaglianza.
Tale procedimento è visualizzato nella schermata della fig. 2.

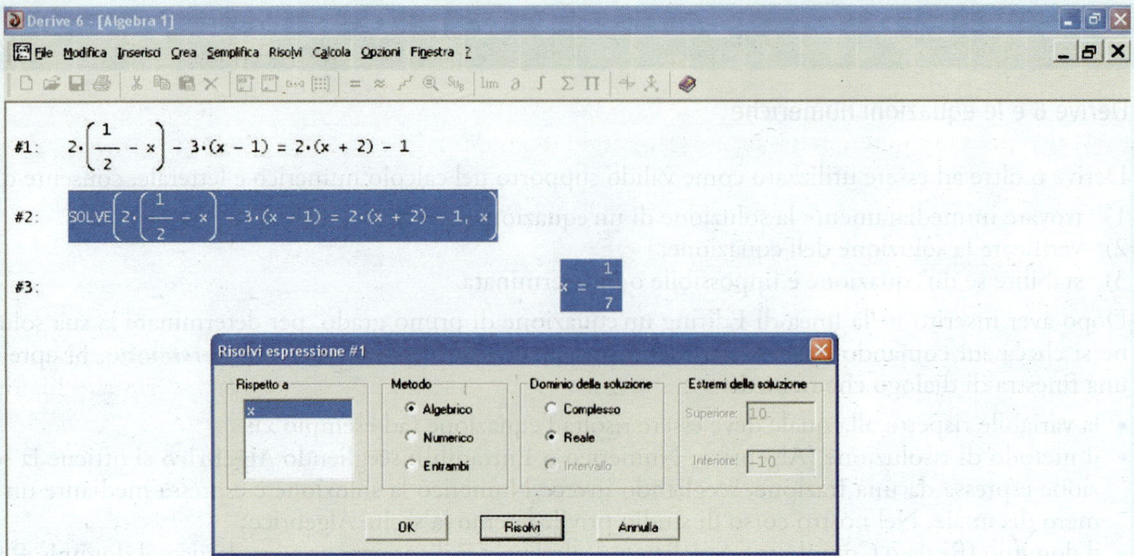

figura 1

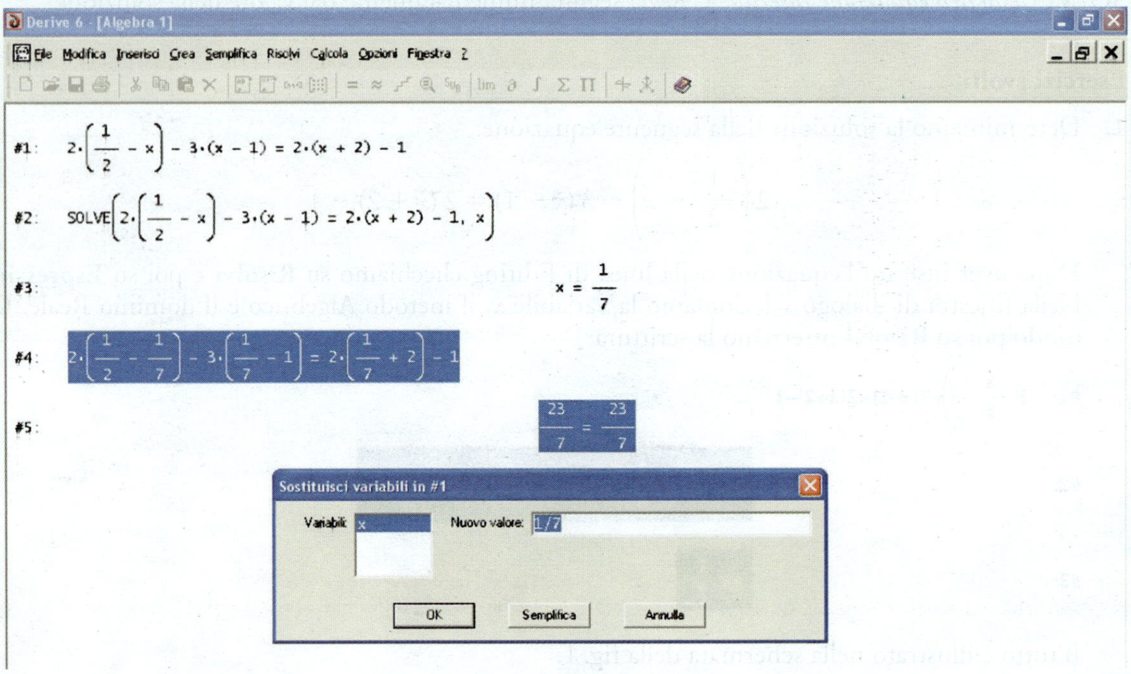

figura 2

3. Risolviamo l'equazione proposta nell'esercizio 1 visualizzando i vari passaggi intermedi e sfruttando i principi di equivalenza.

Selezioniamo nella finestra Algebra l'intera equazione o una sua singola parte per eseguire i calcoli proposti. Come abbiamo già appreso, ciò si ottiene cliccando sul comando **Semplifica** del menu principale e poi su **Sviluppa**, fino a ricondurci all'equazione

$4 - 5x = 2x + 3$

Nel passaggio successivo è da portare il termine $2x$ dal secondo membro al primo membro e ciò avviene sottraendo ad ambo i membri il termine $2x$, come afferma il primo principio di equivalenza. Derive esegue tale operazione inserendo l'equazione $4 - 5x = 2x + 3$, racchiusa in parentesi tonde, nella linea di Editing (lo stesso si ottiene evidenziando l'equazione e premendo il tasto F4 sulla tastiera) e digitando subito dopo $-2x$ e cliccando Invio. Nella finestra Algebra verrà visualizzata la scrittura:

$(4 - 5x = 2x + 3) - 2x$

Cliccando su **Semplifica** e poi su **Base** otteniamo:

$4 - 7x = 3$

Per portare il numero 4 dal primo al secondo membro utilizziamo lo stesso procedimento, cioè:

$(4 - 7x = 3) - 4$

Cliccando prima su **Invio** e poi su **Semplifica** e su **Base** otteniamo:

$-7x = -1$

La soluzione si ottiene applicando il secondo principio di equivalenza, cioè dividendo ambo i membri per (-7). Inseriamo nella linea di Editing l'espressione $(-7x = -1)/(-7)$ e clicchiamo su **Invio**, su **Semplifica** e su **Base**; otteniamo la soluzione dell'equazione.
Il procedimento sopra illustrato è riportato nella schermata di fig. 3.

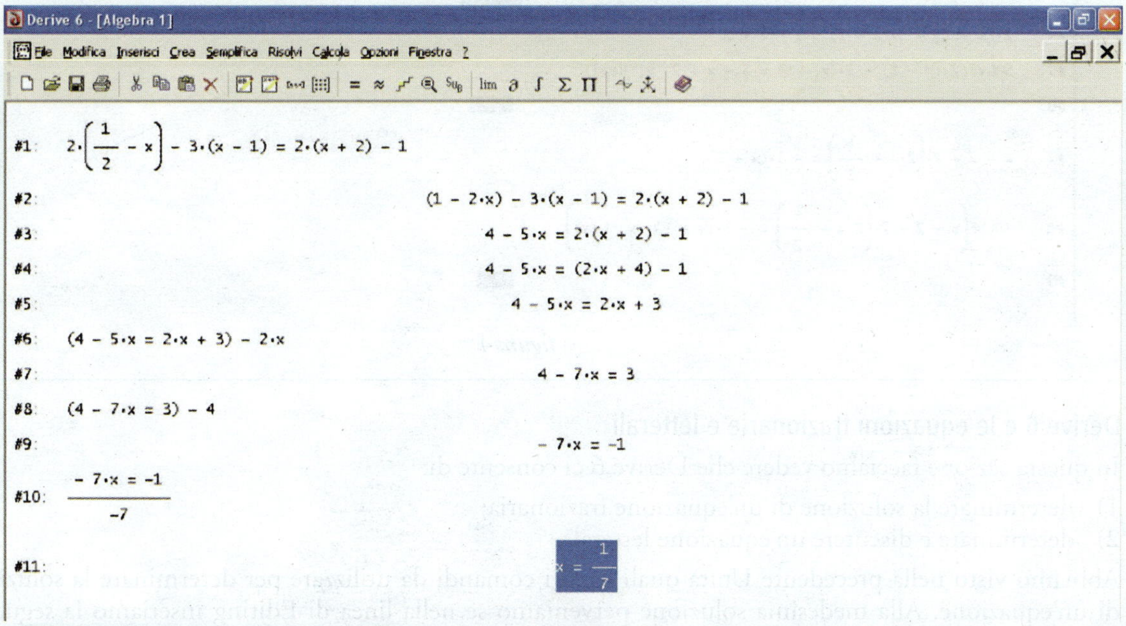

figura 3

4. Determiniamo la soluzione dell'equazione: $2(1 - x) - 3\left(\dfrac{x}{3} - 1\right) = 2(x + 1)$

Inseriamo direttamente nella linea di Editing la frase:

#1: $\mathbf{SOLVE\left(2(1-x)-3\left(\dfrac{x}{3}-1\right)=2(x+1)-1,\ x,\ Real\right)}$

Confermiamo con **Invio** e clicchiamo su **Semplifica** e poi su **Base**, nella finestra Algebra viene visualizzata direttamente la soluzione

#2: $x = \dfrac{3}{5}$

5. Risolviamo l'equazione $2(x - 1) - 3(x - 1) = 1 - x + 2$.
Dopo l'inserimento dell'equazione cliccando sul comando **Risolvi** e poi **Espressione** nella finestra Algebra viene visualizzata la parola **false**. Con tale messaggio Derive ci comunica che l'equazione è ***impossibile***.

6. Risolviamo l'equazione $(x-2)-2\left(2x+\dfrac{1}{2}\right)=-3\,(x+1)$.

Dopo l'inserimento dell'equazione cliccando sul comando **Risolvi** e poi **Espressione** nella finestra Algebra viene visualizzata la parola **true**. Con tale messaggio Derive ci comunica che l'equazione è ***indeterminata***. Il tutto è illustrato nella schermata della fig. 4.

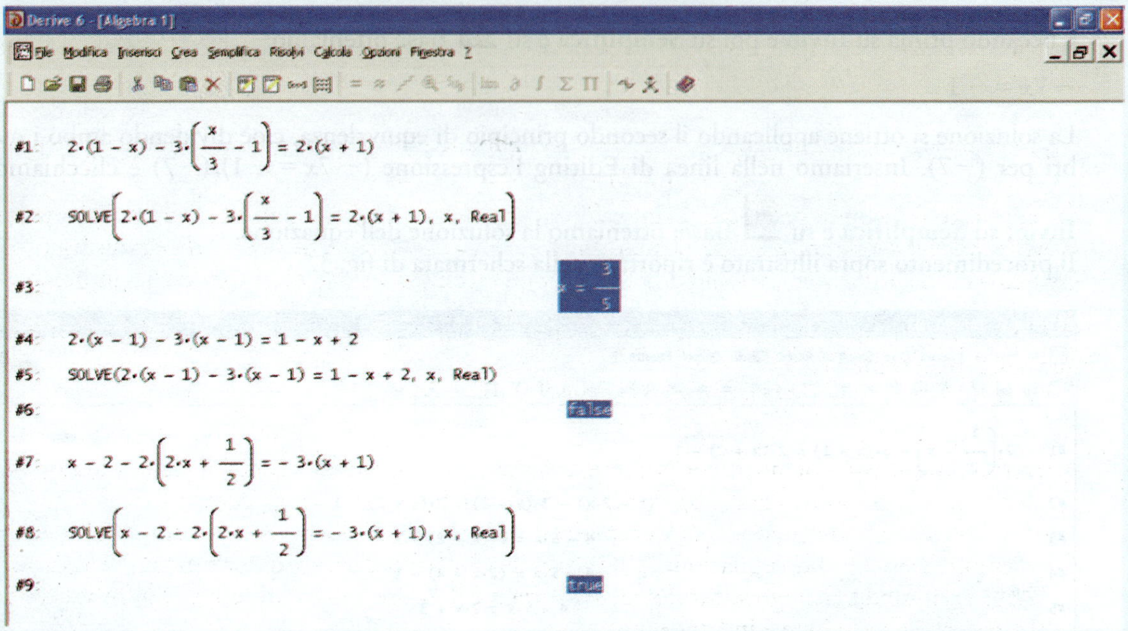

figura 4

Derive 6 e le equazioni frazionarie e letterali

In questa sezione facciamo vedere che Derive 6 ci consente di:

1) determinare la soluzione di un'equazione frazionaria;
2) determinare e discutere un'equazione letterale.

Abbiamo visto nella precedente Unità quali sono i comandi da utilizzare per determinare la soluzione di un'equazione. Alla medesima soluzione perveniamo se nella linea di Editing inseriamo la seguente scritta:

SOLVE(*testo dell'equazione inserita*, *x*, *Real*)

Confermiamo con **Invio** e clicchiamo sul comando del menu principale **Semplifica** e successivamente **Base**.

Esercizi svolti

1. Risolviamo l'equazione frazionaria $\dfrac{4x-5}{x-2}=\dfrac{2-3x}{2-x}+1$.

Procedendo sempre allo stesso modo per trovare la soluzione Derive visualizza:

x=±∞

Tale messaggio ci comunica che l'equazione risolta dà come risultato $x=2$ e non è accettabile in quanto il dominio dell'equazione è $\mathbb{Q}-\{2\}$.

2. Risolviamo e discutiamo l'equazione letterale $2+ax=a^2-a^2x+1$.
Cliccando direttamente sul comando **Risolvi** e successivamente su **Espressione** si ottiene immediatamente la soluzione $x=\dfrac{a-1}{a}$ senza discutere i particolari valori del parametro a.

La discussione dell'equazione può essere eseguita solo se eseguiamo tutti i passaggi intermedi per la risoluzione. Innanzitutto applichiamo il primo principio di equivalenza per trasportare il termine $-a^2x$ dal secondo al 1° membro; evidenziando l'equazione nella finestra Algebra e digitando il tasto F4, nella linea di Editing viene visualizzata l'equazione racchiusa in parentesi tonde alla quale andremo a sommare $+a^2x-2$. Clicchiamo su **Invio** e poi sui comandi **Semplifica** e = **Base** e otteniamo l'equazione: $a^2x+ax=a^2-1$

Per scomporre il primo membro clicchiamo più volte su di esso per evidenziarlo e eseguiamo il comando dal menu principale **Semplifica** poi **Fattorizza** e selezioniamo la scelta **razionale** e infine ancora **Fattorizza**. Nella finestra Algebra sarà visualizzata l'equazione:

$$a(a+1)x=a^2-1$$

In modo analogo procediamo per scomporre il secondo membro. Otteniamo in tal modo l'equazione:

$$a(a+1)x=(a+1)(a-1)$$

Per applicare il secondo principio d'equivalenza, ovvero per dividere ambo i membri per $a(a+1)$, si evidenzia nella finestra Algebra l'equazione $a(a+1)x=(a+1)(a-1)$ e cliccando il tasto F4, nella linea di Editing viene visualizzata l'equazione racchiusa in parentesi tonde che andremo a dividere per $a(a+1)$. Clicchiamo su **Invio** e poi sui comandi **Semplifica** e = **Base** otteniamo nuovamente la soluzione:

$$x=\frac{a-1}{a}$$

A questo punto, osserviamo il coefficiente della x: i valori che annullano il denominatore sono $a=0$ e $a=-1$. Se sostituiamo, ad esempio, nell'equazione $a=0$ con i comandi **Semplifica**, **Sostituisci variabili** e assegnando alla variabile a il nuovo valore 0 Derive ci comunica col messaggio *false* (oppure con) che l'equazione è impossibile. La procedura di quest'esercizio è visualizzata nella fig. 5. In modo analogo sostituendo alla variabile il valore $a=-1$, Derive ci informa col messaggio *true* che l'equazione è indeterminata.

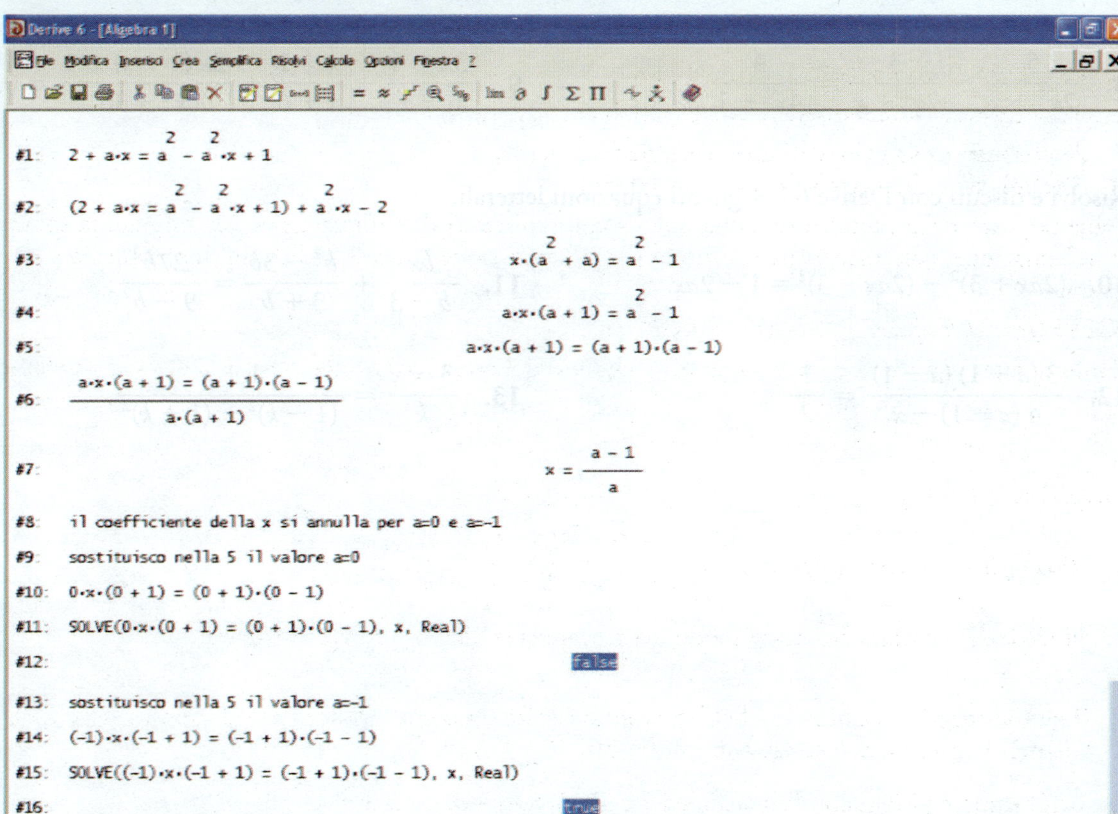

figura 5

⊠ Prova ora ad esercitarti con gli esercizi svolti in classe o quelli assegnati per casa, correggendo eventualmente gli errori commessi.

⊠ Completa il tuo lavoro eseguendo i seguenti esercizi.

Risolvi le seguenti equazioni numeriche con Derive 6.

1. $\dfrac{2x+3}{2}+\dfrac{3x-2}{4}-\dfrac{1}{6}(x-3)=3x-2+\dfrac{1}{2}(2x-3).$

2. $\dfrac{2x}{5}+6(x-1)-\dfrac{x-1}{6}=\dfrac{2}{3}(x-1).$

3. $\dfrac{1}{2}(x-1)+\dfrac{3}{4}(x+3)-\dfrac{7}{2}x=5x+1.$

4. $(x-4)^2+\dfrac{3x+1}{2}=(x-1)(x+2).$

5. $1-(x+2)^3+6(x+2)(x-2)=(1-x)(x^2+x+1).$

Risolvi con Derive 6 le seguenti equazioni.

6. $\dfrac{7}{5-x}+\dfrac{8}{x-5}=\dfrac{1}{2}.$

7. $\dfrac{2}{x-3}-\dfrac{2}{x+3}=\dfrac{3x+1}{x^2-9}.$

8. $\dfrac{5}{2x^2-x}-\dfrac{3}{2x^2+x}=\dfrac{4}{4x^2-1}.$

9. $\dfrac{3x-4}{6-x}+\dfrac{x+1}{x+6}+\dfrac{2x(1+x)-1}{x^2-36}=0.$

Risolvi e discuti con Derive 6 le seguenti equazioni letterali.

10. $(2ax+3)^2-(2ax-3)^2=1-2ax.$

11. $\dfrac{bx}{b-3}+\dfrac{b^2-3b}{3+b}=\dfrac{27b^2}{9-b^2}.$

12. $\dfrac{3(a+1)(a-1)}{4(a-1)-x}=\dfrac{1}{2}.$

13. $\dfrac{3-x}{k}=\dfrac{1+x}{(1-k)^2-(1+k)^2}.$

SOLUZIONI (UNITÀ 11)

SCHEDA DI LAVORO 1

1. *a*) identità; *b*) equazione ($x = 0$).

2.

1ª equazione	2ª equazione	Principio applicato
$4x + 5 = 3x - 1$	$4x + 7 = 3x + 1$	I principio
$12x - 1 = 4x + 8$	$3x - \frac{1}{4} = x + 2$	II principio
$6x + 12 = 3x - 15$	$8x + 16 = 4x - 20$	II principio
$x + 6 = 9 - 5x$	$\frac{1}{3}x + 6 = 9 - \frac{17}{3}x$	I principio

3.

Equazione	Obiettivo	Applica opportunamente i principi di equivalenza in modo che l'equazione ottenuta sia equivalente a quella data e soddisfi l'obiettivo richiesto	Principi usati
$2x = 4$	Il coefficiente di x sia 1	$\frac{2x}{2} = \frac{4}{2}$; $x = 2$	II principio
$5x = 3$	Il secondo membro sia 0	$5x - 3 = 0$	I principio
$5x = 3$	Il coefficiente di x sia 10	$2 \cdot 5x = 2 \cdot 3$; $10x = 6$	II principio
$3x + 2 = 3$	Il secondo membro sia 2	$3x = 1$; $3x + 1 = 1 + 1$; $3x + 1 = 2$	I principio
$\frac{1}{3}x = 4$	Il coefficiente di x sia 1	$3 \cdot \frac{1}{3}x = 3 \cdot 4$; $x = 12$	II principio
$6x - 3 = 4x + 1$	Il coefficiente di x sia $\frac{1}{2}$	$2x = 4$; $\frac{1}{4}2x = \frac{1}{4}4$; $\frac{1}{2}x = 1$	I, II principio

SCHEDA DI LAVORO 2

1.

Equazione	Scomposizione			Soluzioni
$x^2 - 25 = 0$	$(x - 5)(x + 5) = 0$	$x - 5 = 0$	$x + 5 = 0$	$x_1 = 5$; $x_2 = -5$
$2x^2 + 3x = 0$	$x(2x + 3) = 0$	$x = 0$	$2x + 3 = 0$	$x_1 = 0$; $x_2 = -\frac{3}{2}$
$x^4 - 4x^2 = 0$	$x^2(x - 4) = 0$	$x^2 = 0$	$x - 4 = 0$	$x_1 = 0$; $x_2 = 4$
$x^3 - 3x^2 + 2x = 0$	$x(x^2 - 3x + 2) = 0$ $x(x - 2)(x - 1) = 0$	$x = 0$	$x - 2 = 0$ $x - 1 = 0$	$x_1 = 0$; $x_2 = 2$; $x_3 = 1$

2.

Equazione	Svolgimento	Soluzione
$40 - 10x + 3 = -2x + 3$	$-10x + 2x = -40$; $-8x = -40$; $\frac{8}{8}x = \frac{40}{8}$	$x = 5$
$(x - 3)(x + 3) = x(x - 4)$	$\cancel{x^2} - 9 = \cancel{x^2} - 4x$; $4x = 9$; $\frac{4x}{4} = \frac{9}{4}$	$x = \frac{9}{4}$
$\frac{3}{2}x - 1 = 2x$	$\cancel{2}\frac{3x - 3}{\cancel{2}} = \frac{4x}{\cancel{2}}\cancel{2}$; $3x - 4x = 3$; $-x = 3$	$x = -3$
$\frac{2x + 5}{3} - 1 = x - \frac{x - 2}{3}$	$\cancel{3}\frac{2x + 5 - 3}{\cancel{3}} = \frac{3x - x + 2}{\cancel{3}}\cancel{3}$; $2x - 3x + x = -5 + 3 + 2$; $0 \cdot x = 0$	indeterminata
$\frac{4x + 3}{2} - \frac{10}{6}x = \frac{x + 1}{3}$	$\cancel{6}\frac{3(4x + 3) - 10x}{\cancel{6}} = \frac{2(x + 1)}{\cancel{6}}\cancel{6}$; $12x + 9 - 10x = 2x + 2$; $2x - 2x = -9 + 2$; $0x = -7$	impossibile
$x^4 - 4x^2 = 0$	$x^2(x^2 - 4) = 0$; $x^2(x - 2)(x + 2) = 0$;	$x_1 = 0$; $x_2 = 2$; $x_3 = -2$

3.

Quesito	Equazione che traduce il quesito		
La somma tra x e 4 è uguale a 7.			$x + 4 = 7$
Il doppio di un numero supera di 2 il numero 9.		$2x + 2 = 9$	
La metà della somma tra un numero e 6 è uguale a 3.			$\frac{1}{2}(x + 6) = 3$
Il doppio di un numero è uguale al quadrato di 7.		$2x = 7^2$	
Il triplo di x diminuito della metà di y è uguale a 15.	$3x - \frac{y}{2} = 15$		
La differenza tra il quadrato di x e il cubo di y è 20.		$x^2 - y^3 = 20$	

4. *a*) 21; *b*) 40 000, 20 000, 50 000; *c*) 42 cm, 33 cm, 105 cm.

SCHEDA DI LAVORO 3

1.

Equazione	D 1	D 2	D 3
$2 - \frac{11}{x+1} = 0$			$\mathbb{Q} - \{-1\}$
$\frac{2x+3}{3x-1} = 3 + \frac{1}{9x^2-1}$		$\mathbb{Q} - \left\{\frac{1}{3}; -\frac{1}{3}\right\}$	
$\frac{x-1}{x+2} - \frac{3}{x} = \frac{12-x}{x^2+2x}$			$\mathbb{Q} - \{-2; 0\}$

2. I denominatori sono polinomi irriducibili, quindi le condizioni di esistenza delle frazioni algebriche sono:
$3x - 1 \neq 0$ da cui $x \neq \frac{1}{3}$ e $1 + x \neq 0$ da cui $x \neq -1$; quindi C.E.: $x \neq \frac{1}{3}$ e $x \neq -1$, $D = \mathbb{Q} - \left\{-1; \frac{1}{3}\right\}$.
m.c.m. $[(3x - 1)(1 + x)] = (3x - 1)(1 + x)$. Svolgendo i calcoli si ottiene:
$\frac{(3x+4)(1+x)}{(3x-1)(1+x)} = \frac{(3x-1)(x-5)}{(3x-1)(1+x)}$; $3x + 3x^2 + 4 + 4x = 3x^2 - 15x - x + 5$; $7x + 16x = -4 + 5$; $x = \frac{1}{23}$.

3. *a*) V; *b*) F; *c*) F; *d*) V; *e*) F.

4.

Equazione	Forma normale	Valori del parametro	L'equazione è …
$3ax + x = 2$	$x(3a + 1) = 2$	$a \neq -\frac{1}{3}$ $a = -\frac{1}{3}$	determinata impossibile
$5x - 5 = ax - a$	$x(5 - a) = 5 - a$	$a \neq 5$ $a = 5$	determinata indeterminata
$3x + a = 2ax + 4$	$x(3 - 2a) = 4 - a$	$a \neq \frac{3}{2}$ $a = \frac{3}{2}$	determinata impossibile
$\frac{(a+1)x}{a-2} = 8$	$\frac{(a+1)x}{a-2} = 8$	$a \neq -1, a \neq 2$ $a = -1$ $a = 2$	determinata impossibile perde significato
$ax + 25 = a^2 - 5x$	$x(a + 5) = (a - 5)(a + 5)$	$a \neq -5$ $a = -5$	determinata indeterminata

Disequazioni lineari

UNITÀ 12

Tema D

PREREQUISITI

- Conoscere e saper applicare le regole del calcolo algebrico.
- Saper risolvere le equazioni razionali lineari intere e frazionarie.
- Saper risolvere e discutere le equazioni razionali lineari letterali.

COMPETENZE

- Conoscere e saper applicare le proprietà delle disuguaglianze numeriche.
- Conoscere il concetto di disequazione.
- Saper risolvere le disequazioni lineari numeriche intere.
- Saper risolvere e discutere le disequazioni lineari letterali.
- Saper risolvere i sistemi di disequazioni lineari.
- Saper risolvere le disequazioni frazionarie.
- Saper risolvere i problemi con le disequazioni.
- Saper risolvere le equazioni e le disequazioni con i valori assoluti.

1 Le disuguaglianze numeriche

Sappiamo già che, se due numeri sono diversi, la disuguaglianza si può esprimere con i simboli:

$>$ *maggiore di* oppure $<$ *minore di.*

Ad esempio:

$-3<1$ (si legge -3 *è minore di* 1) equivale a scrivere
$1>-3$ (si legge 1 *è maggiore di* -3).

Una disuguaglianza può essere espressa anche con i simboli:

$\geqslant$ *maggiore o uguale* oppure *non minore di*
$\leqslant$ *minore o uguale* oppure *non maggiore di.*

Ad esempio, scrivere:

$a\leqslant b$ vuol dire che il numero a può essere minore di b o anche uguale a b;

$c\geqslant d$ vuol dire che il numero c può essere maggiore di d o anche uguale a d.

NOTIZIE STORICHE

I simboli $>$ e $<$ apparvero per la prima volta nell'opera *Artis Analyticae Praxis ad Aequationes Algebraicas Resolvendas* di **Thomas Harriot** (1560-1621) che fu pubblicata postuma nel 1631.
Pierre Bouguer (1698-1758) usò $\leqq$ e $\geqq$ nel 1734.
Nel 1670 **John Wallis** usò dei simboli simili con una sola linea orizzontale, ma la linea era posta sopra al simbolo $>$ o $<$, anzichè sotto.

Quando due disuguaglianze sono espresse con lo stesso simbolo sono dette dello **stesso verso** (o **senso**), ad esempio:

$$2<6 \qquad \text{e} \qquad -5<4$$

quando sono espresse con simboli diversi sono dette di **verso contrario**, o **opposto**, ad esempio:

$$8>5 \qquad \text{e} \qquad -7<6$$

Come nelle uguaglianze, l'espressione scritta a sinistra del simbolo $>$ o $<$ è detta **primo membro**, quella scritta a destra è detta **secondo membro**.
Le disuguaglianze numeriche godono di alcune proprietà: vediamo quali sono.

1) Addizionando o sottraendo uno stesso numero a entrambi i membri di una disuguaglianza si ottiene una disuguaglianza dello stesso verso; cioè:

$$\text{se} \quad a>b \Rightarrow a+m>b+m$$
$$a-m>b-m$$

ESEMPIO

Data la disuguaglianza $15>8$

addizionando a entrambi i membri 3, otteniamo:

$$15+3>8+3 \Rightarrow 18>11$$

sottraiamo ora a entrambi i membri 2, otteniamo:

$$15-2>8-2 \Rightarrow 13>6$$

In entrambi i casi la proprietà è verificata.

2) Moltiplicando o dividendo entrambi i membri di una disuguaglianza per uno stesso numero positivo si ottiene una disuguaglianza dello stesso verso; cioè:

$$\text{se} \quad a>b \quad \text{e} \quad m>0 \Rightarrow am>bm$$
$$\frac{a}{m}>\frac{b}{m}$$

ESEMPIO

Data la disuguaglianza $-8<4$

moltiplichiamo entrambi i membri per 6; otteniamo:

$$-8\cdot 6<4\cdot 6 \Rightarrow -48<24$$

dividiamo entrambi i membri per 2, otteniamo:

$$-\frac{8}{2}<\frac{4}{2} \Rightarrow -4<2$$

In entrambi i casi la proprietà è verificata.

3) Moltiplicando o dividendo entrambi i membri di una disuguaglianza per uno stesso numero negativo si ottiene una disuguaglianza di verso contrario; cioè:

$$\text{se}\quad a>b \quad \text{e} \quad m<0 \Rightarrow am<bm$$

$$\frac{a}{m}<\frac{b}{m}$$

ESEMPIO

Data la disuguaglianza $12>8$

moltiplichiamo entrambi i membri per -3; otteniamo:

$$12(-3)<8(-3) \Rightarrow -36<-24$$

dividiamo ora entrambi i membri per -4, otteniamo:

$$\frac{12}{-4}<\frac{8}{-4} \Rightarrow -3<-2$$

In entrambi i casi la proprietà è verificata.

Da questa proprietà deriva che: **se si cambiano i segni a entrambi i membri di una disuguaglianza cambia il verso della disuguaglianza** (infatti cambiare i segni equivale a moltiplicare entrambi i membri per -1).
Ad esempio, data la disuguaglianza $-7<6$, cambiando i segni a entrambi i membri si ha: $7>-6$.

4) La disuguaglianza fra due numeri concordi e diversi da zero è di verso contrario alla disuguaglianza fra i reciproci dei numeri stessi, cioè:

$$\text{se}\quad a>b \quad (\text{con}\quad a>0 \quad b>0 \quad \text{o con} \quad a<0 \quad b<0) \Rightarrow \frac{1}{a}<\frac{1}{b}$$

ESEMPI

Consideriamo le seguenti disuguaglianze:

1. $13<20$ si ha: $\frac{1}{13}>\frac{1}{20}$

2. $-15<-7$ si ha: $-\frac{1}{15}>-\frac{1}{7}$

Attenzione! Se i due numeri sono discordi la proprietà non è valida; infatti se:

$$-9<2 \qquad \text{si ha} \qquad -\frac{1}{9}<\frac{1}{2}$$

5) Addizionando membro a membro due disuguaglianze dello stesso verso si ottiene ancora una disuguaglianza dello stesso verso, cioè:

$$\text{se} \quad a>b \quad \text{e} \quad c>d \Rightarrow a+c>b+d$$

ESEMPIO

Consideriamo le disuguaglianze

$$20>15 \qquad \text{e} \qquad 3>1$$

e addizioniamo membro a membro; otteniamo:

$$20+3>15+1 \Rightarrow 23>16$$

La proprietà è verificata.

La proprietà non è valida per la sottrazione; infatti, date le disuguaglianze:

$$2<4 \qquad \text{e} \qquad 5<8$$

sottraendo membro a membro otteniamo:

$$-3>-4$$

6) Moltiplicando membro a membro due disuguaglianze, fra numeri positivi, dello stesso verso, si ottiene una disuguaglianza dello stesso verso, cioè:

$$\text{se} \quad a>b \quad \text{e} \quad c>d \quad (\text{con } a>0, b>0, c>0, d>0) \Rightarrow ac>bd$$

ESEMPIO

Date le disuguaglianze

$$25>20 \qquad \text{e} \qquad 5>4$$

moltiplicando membro a membro otteniamo:

$$25 \cdot 5>20 \cdot 4 \Rightarrow 125>80$$

La proprietà è verificata.

La proprietà non è valida per le disuguaglianze fra numeri negativi; infatti, date le disuguaglianze:

$$-7<-3 \qquad \text{e} \qquad -5<-2$$

moltiplicando membro a membro otteniamo:

$$35>6$$

2 Le disequazioni

Quando in una disuguaglianza compare una variabile, ad esempio $2x + 4 < 20$ la disuguaglianza è detta **disequazione**.
Qual è il significato di questa disuguaglianza? Quali valori deve assumere la variabile perché essa sia verificata?
Una disuguaglianza di questo tipo può rappresentare la traduzione algebrica di un problema.
Già sappiamo che esistono problemi che si possono tradurre in equazioni; esistono però anche problemi la cui traduzione algebrica è una disuguaglianza fra due espressioni algebriche, di cui almeno una contiene l'incognita.
Ad esempio, la disuguaglianza $2x + 4 < 20$ vista precedentemente potrebbe essere la traduzione di un problema come il seguente:

Quali valori può assumere un numero se il suo doppio aumentato di 4 è minore di 20?

Indicando con x il numero si ottiene la disuguaglianza

$$2x + 4 < 20$$

Proviamo a sostituire all'incognita x alcuni valori numerici e verifichiamo in quali casi la disuguaglianza numerica ottenuta è vera e in quali casi è falsa:

$$2x + 4 < 20$$

per	$x = 2$	si ha	$2 \cdot 2 + 4 < 20 \Rightarrow$	$8 < 20$	Vera
per	$x = 4$	si ha	$2 \cdot 4 + 4 < 20 \Rightarrow$	$12 < 20$	Vera
per	$x = 6$	si ha	$2 \cdot 6 + 4 < 20 \Rightarrow$	$16 < 20$	Vera
per	$x = 8$	si ha	$2 \cdot 8 + 4 < 20 \Rightarrow$	$20 < 20$	Falsa
per	$x = 10$	si ha	$2 \cdot 10 + 4 < 20 \Rightarrow$	$24 < 20$	Falsa
per	$x = 12$	si ha	$2 \cdot 12 + 4 < 20 \Rightarrow$	$28 < 20$	Falsa

e così via ...

Osserviamo che la disuguaglianza è vera per i valori di x minori di 8, falsa per x maggiore o uguale a 8, cioè è vera per $x < 8$.
Possiamo dire che:

> una **disequazione** è una disuguaglianza fra due espressioni algebriche delle quali almeno una contiene una lettera detta incognita.

Tutti i valori numerici che verificano la disuguaglianza costituiscono l'insieme delle soluzioni della disequazione, detto **insieme soluzione *S*** (o insieme delle soluzioni S).
Risolvere una disequazione vuol dire determinare S; S è un sottoinsieme proprio o improprio dell'insieme dei numeri razionali $\mathbb{Q}$. Se $S = \varnothing$ la disequazione non ha soluzioni ed è detta **impossibile**.

ESEMPI

1. La disequazione $x - 2 < 0$ ha come soluzioni tutti i numeri razionali minori di 2; si scrive $x < 2$.
2. La disequazione $x + 4 \geqslant 0$ ha come soluzioni tutti i numeri razionali non minori di -4: si scrive $x \geqslant -4$.

Rappresentazioni delle soluzioni

a) Rappresentazione grafica

L'insieme S si può rappresentare graficamente su una retta orientata; se consideriamo ancora gli esempi precedenti, per rappresentare graficamente l'insieme soluzione della disequazione $x - 2 < 0$, cioè $x < 2$, si fissa sulla retta orientata il punto corrispondente a 2 e si evidenzia con un tratto continuo, o colorato, la semiretta a sinistra del numero 2; poiché 2 non appartiene a S, questo numero si evidenzia con un pallino vuoto (○) (fig. 1).

figura 1
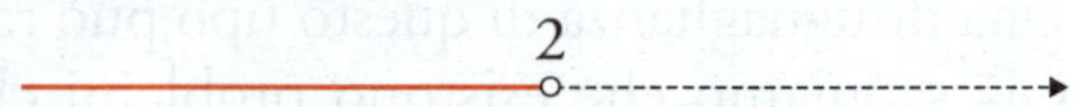

La disequazione dell'esempio 2, cioè $x + 4 \geqslant 0$, ha come soluzione $x \geqslant -4$.

figura 2

La rappresentazione grafica di S è la fig. 2.
Il tratto colorato è la semiretta a destra di -4; poiché a S appartiene anche -4, il punto corrispondente a -4 si evidenzia con un pallino pieno (●).

b) Intervalli

Per rappresentare le soluzioni di una disequazione si possono usare gli **intervalli**; ogni intervallo è un insieme la cui rappresentazione grafica può essere un segmento (**intervallo limitato**) oppure una semiretta o una retta (**intervalli illimitati**).
L'intervallo viene indicato da una coppia di numeri a e b, con $a < b$, detti **estremi** dell'intervallo, separati da un punto e virgola, racchiusi tra parentesi quadre chiuse o aperte, a seconda che gli estremi siano o non siano compresi nell'intervallo. I numeri compresi fra a e b sono detti **interni** all'intervallo, mentre i numeri minori di a o maggiori di b sono detti **esterni** all'intervallo. Si possono presentare vari casi, che riassumiamo nella seguente tabella.

Intervalli limitati	$[a; b]$	Indica tutti i numeri compresi fra a e b, inclusi a e b; è detto intervallo **chiuso**.	a ● — ● b
	$[a; b[$	Indica tutti i numeri fra a e b, incluso a ma escluso b; è detto intervallo **chiuso a sinistra, aperto a destra**.	a ● — ○ b
	$]a; b]$	Indica tutti i numeri fra a e b, incluso b ma escluso a; è detto intervallo **chiuso a destra, aperto a sinistra**.	a ○ — ● b
	$]a; b[$	Indica tutti i numeri fra a e b, esclusi a e b; è detto intervallo **aperto**.	a ○ — ○ b
Intervalli illimitati	$[a; +\infty[$	Indica tutti i numeri maggiori o uguali ad a; è detto intervallo **chiuso a sinistra, illimitato a destra**.	a ● →
	$]a; +\infty[$	Indica tutti i numeri maggiori di a; è detto intervallo **aperto a sinistra, illimitato a destra**.	a ○ →
	$]-\infty; a]$	Indica tutti i numeri minori o uguali ad a; è detto intervallo **illimitato a sinistra, chiuso a destra**.	— ● a
	$]-\infty; a[$	Indica tutti i numeri minori di a; è detto intervallo **illimitato a sinistra, aperto a destra**.	— ○ a
	$]-\infty; +\infty[$	Indica tutti i numeri; è detto **intervallo illimitato a sinistra e a destra**.	→

Attenzione! La parentesi quadra accanto ai simboli $+\infty$ e $-\infty$, che si leggono rispettivamente *più infinito* e *meno infinito*, non può mai essere chiusa; ad esempio le scritture $]a; +\infty]$ oppure $[-\infty; a]$ non hanno senso in quanto i simboli $-\infty$ e $+\infty$ **non indicano numeri** e quindi dire che appartengono all'intervallo non ha significato.

NOTIZIE STORICHE

Il simbolo di infinito (∞) è dovuto a **John Wallis** (1616-1703) e compare per la prima volta nel 1655 nell'opera *Arithmetica Infinitorum*. È una modificazione di quello che usavano i romani per indicare una miriade.

Classificazione delle disequazioni

Come le equazioni, le disequazioni si possono classificare in:

- disequazioni **intere**, in cui l'incognita compare solamente al numeratore delle frazioni presenti nella disequazione;
- disequazioni **frazionarie** (o **fratte**), in cui l'incognita compare in almeno un denominatore delle frazioni presenti nella disequazione;
- disequazioni **numeriche**, in cui non compaiono altre lettere oltre l'incognita;
- disequazioni **letterali**, in cui, oltre l'incognita, compaiono altre lettere, dette parametri.

ESEMPI

1. $3x - 2 + \frac{1}{2}x < 4x + 1$ è una disequazione intera numerica.

2. $(a+1)x - a > (a-1)^2$ è una disequazione intera letterale.

3. $\frac{3}{x} + \frac{x+1}{2} > x^2 - 1$ è una disequazione frazionaria numerica.

4. $\frac{k+1}{x} + k < \frac{(k+1)^2}{2x}$ è una disequazione frazionaria letterale.

La classificazione può essere riassunta nel seguente schema.

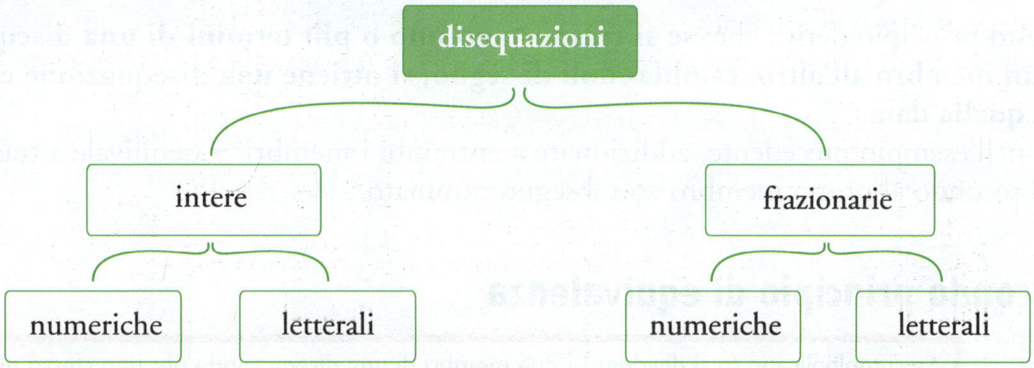

3 Disequazioni equivalenti

Le proprietà delle disuguaglianze numeriche viste nel paragrafo 1 sono valide anche per le disequazioni; inoltre alle disequazioni si possono applicare principi e regole analoghi a quelli già visti per le equazioni.

Due **disequazioni** sono **equivalenti** se hanno lo stesso insieme soluzione.

ESEMPI

1. Le disequazioni $x + 1 > 3$ e $2x > 4$ sono equivalenti poiché l'insieme soluzione di entrambe è $x > 2$.

2. Le disequazioni $3x < 9$ e $3x - 3 < 9$ non sono equivalenti poiché l'insieme soluzione della prima è $x < 3$ e l'insieme soluzione della seconda è $x < 4$.

Per risolvere le disequazioni si applicano dei principi che permettono di trasformare una disequazione data in altre, equivalenti, ma di forma più semplice. Questi principi, detti principi di equivalenza, derivano dalle proprietà delle disuguaglianze numeriche.

a) Primo principio di equivalenza

Se ai due membri di una disequazione si addiziona uno stesso numero (o una stessa espressione algebrica che non deve restringere le condizioni di esistenza della disequazione) si ottiene una disequazione equivalente a quella data.

ESEMPIO

Data la disequazione $3x + 4 > x$

se addizioniamo a entrambi i membri $+2$; otteniamo:

$$3x + 4 + 2 > x + 2 \Rightarrow 3x + 6 > x + 2$$

questa disequazione è equivalente a quella data;
oppure se addizioniamo a entrambi i membri $-x$; otteniamo:

$$3x + 4 - x > x - x \Rightarrow 2x + 4 > 0$$

anche questa disequazione è equivalente a quella data.

Da questo principio deriva che: **se si trasportano uno o più termini di una disequazione da un membro all'altro, cambiandoli di segno, si ottiene una disequazione equivalente a quella data.**
Infatti, nell'esempio precedente, addizionare a entrambi i membri $-x$ equivale a trasportare x dal secondo al primo membro con il segno cambiato.

b) Secondo principio di equivalenza

Se si moltiplicano (o si dividono) i due membri di una disequazione per uno stesso numero positivo si ottiene una disequazione equivalente a quella data; se si moltiplicano (o si dividono) per uno stesso numero negativo e si inverte il senso della disuguaglianza si ottiene una disequazione equivalente a quella data.

cioè: $ax > b$ è equivalente a $amx > bm$ $\left(\dfrac{a}{m}x > \dfrac{b}{m}\right)$ se $m > 0$

$ax > b$ è equivalente a $amx < bm$ $\left(\dfrac{a}{m}x < \dfrac{b}{m}\right)$ se $m < 0$.

ESEMPI

1. Data la disequazione $5x < 15$

che è soddisfatta per tutti i valori di x minori di 3, se moltiplichiamo entrambi i membri per 2; otteniamo:

$$5x \cdot 2 < 15 \cdot 2 \Rightarrow 10x < 30$$

oppure se dividiamo entrambi i membri per 5; otteniamo:

$$\frac{5x}{5} < \frac{15}{5} \Rightarrow x < 3$$

Le due disequazioni sono equivalenti alla disequazione data: infatti entrambe sono soddisfatte per i valori di x minori di 3.

2. Data la disequazione $\qquad -4x > 20$

moltiplichiamo entrambi i membri per -1 e, poiché $-1 < 0$, invertiamo il senso della disuguaglianza; otteniamo:

$$-4x(-1) < 20(-1) \Rightarrow 4x < -20$$

Questa disequazione è equivalente a quella data.

Dal secondo principio deriva che: **se si cambia il segno di tutti i termini di una disequazione e si inverte il suo verso, si ottiene una disequazione equivalente a quella data**.
Infatti, nell'esempio precedente, se nella disequazione $-4x < -20$ cambiamo i segni e invertiamo il verso, otteniamo $4x > 20$, che è proprio la disequazione data.
I principi di equivalenza consentono di ridurre una disequazione nella forma $P(x) > 0$ o $P(x) < 0$, detta **forma normale**, dove $P(x)$ è un polinomio ridotto a forma normale.

Il **grado** di una disequazione ridotta a forma normale, rispetto alla lettera x, è il grado del polinomio $P(x)$ che forma il primo membro della disequazione.

ESEMPIO

Data la disequazione

$x^3 + (x-1)^2 + x^2 - 3x > x - 2 + x^3$

svolgiamo tutti i calcoli e riduciamola a forma normale applicando i principi di equivalenza; otteniamo:

$\cancel{x^3} + x^2 + 1 - 2x + x^2 - 3x > x - 2 + \cancel{x^3}$

$2x^2 - 6x + 3 > 0$

Poiché il polinomio $P(x)$ al primo membro della disequazione scritta in forma normale è di secondo grado, la disequazione data è di secondo grado.

In questa Unità consideriamo solo le disequazioni razionali di primo grado in una incognita, dette **disequazioni lineari**.
Ogni disequazione razionale lineare si può ricondurre alla forma $ax > b$ o $ax < b$, dove a e b sono numeri razionali.

AUTOVERIFICA 1

■ **Inserisci il simbolo opportuno (>; <).**

$7 \dots\dots \frac{3}{5}$; $\quad \frac{5}{3} \dots\dots \frac{8}{3}$; $\quad -8 \dots\dots -\frac{8}{3}$;

$\frac{5}{12} \dots\dots \frac{3}{4}$; $\quad -\frac{1}{2} \dots\dots -\frac{7}{8}$; $\quad -7{,}5 \dots\dots -3{,}8$.

■ **Scrivi ogni disuguaglianza numerica nel verso contrario.**

$-3 < 5$; $\quad 7 > 1$; $\quad \frac{3}{4} < \frac{4}{3}$; $\quad \frac{1}{2} > -\frac{5}{2}$;

$-75 < 30$; $\quad -\frac{5}{7} < -\frac{1}{10}$; $\quad 0 > -2$; $\quad 15 > -\frac{15}{2}$.

■ **Cos'è una disequazione?** ....

■ **Cosa vuol dire risolvere una disequazione?** ....

....

■ **Può accadere che:**

a) $S = \varnothing$? ....; *b*) $S = \mathbb{Q}$? ....

■ **Trasforma in disequazione ciascuno dei seguenti problemi.**

a) Quali valori può assumere un numero se, addizionato a 3, la somma deve essere non maggiore di 8?

b) Quali valori può assumere un numero se il suo doppio deve essere maggiore di 4?

■ **Esegui.**

1. Rappresenta graficamente le seguenti disuguaglianze:

a) $x \geqslant -5$; $\quad$ *b*) $-3 \leqslant x < 2$; $\quad$ *c*) $x < \frac{1}{2}$; $\quad$ *d*) $x \geqslant 12$.

2. Scrivi ora gli intervalli che indicano gli insiemi rappresentati graficamente al punto 1.

■ **Quando due disequazioni si dicono equivalenti?** ....

....

■ **Enuncia i due principi di equivalenza delle disequazioni.**

....

....

■ **Riconosci, fra le seguenti, le disequazioni ridotte a forma normale.**

a) $x^2 + 2x < x - 1$; $\quad$ *b*) $x + 1 > 0$; $\quad$ *c*) $3x + 2 < 0$;

d) $\frac{1}{2}x - \frac{4}{x} > x + \frac{1}{2x}$; $\quad$ *e*) $(a+1)x > 0$; $\quad$ *f*) $(k-1)x^2 + kx - 1 < 0$.

■ **Individua, fra le disequazioni date nell'esercizio precedente, le disequazioni lineari.**

4 Risoluzione delle disequazioni lineari numeriche intere

Per risolvere una disequazione lineare numerica intera occorre innanzitutto ridurla alla forma $ax > b$ o $ax < b$, applicando i procedimenti già visti per le equazioni, cioè:

a) si eseguono tutti i calcoli indicati e si eliminano i denominatori, se sono presenti, riducendo al m.c.d.;

b) si trasportano al primo membro tutti i termini con l'incognita e al secondo membro tutti i termini noti e infine si riducono i termini simili.

Quando la disequazione è ridotta nella forma

$$ax > b \quad (1) \qquad \text{o} \qquad ax < b \quad (2)$$

si possono presentare vari casi:

a) se $\boldsymbol{a} > \mathbf{0}$, dividendo entrambi i membri per il numero positivo a,

si ottiene
- $x > \dfrac{b}{a}$ per la disequazione (1);
- $x < \dfrac{b}{a}$ per la disequazione (2);

b) se $\boldsymbol{a} < \mathbf{0}$, dividendo entrambi i membri per il numero negativo a,

si ottiene
- $x < \dfrac{b}{a}$ per la disequazione (1);
- $x > \dfrac{b}{a}$ per la disequazione (2);

c) se $\boldsymbol{a} = \mathbf{0}$ le disequazioni diventano:

la (1) $\Rightarrow 0x > b \Rightarrow$
- impossibile se $b \geqslant 0$
- sempre vera se $b < 0$;

la (2) $\Rightarrow 0x < b \Rightarrow$
- sempre vera se $b > 0$
- impossibile se $b \leqslant 0$.

ESEMPIO

Risolviamo la disequazione

$$5x > x^2 + 1 - (x - 2)(x + 2)$$

Riduciamo la disequazione nella forma $ax > b$:

$$5x > \cancel{x^2} + 1 - \cancel{x^2} + 4$$

$$5x > 5$$

Dividiamo ora entrambi i membri per 5; poiché $5 > 0$, otteniamo:

$$\frac{5x}{5} > \frac{5}{5} \Rightarrow x > 1$$

Quindi la disequazione è verificata per ogni valore di x maggiore di 1; la soluzione si può rappresentare con l'intervallo $]1; +\infty[$ o graficamente con la semiretta a destra di 1, escluso il numero 1 (fig. 3).

figura 3

Riassumiamo, quanto detto, con uno schema.

Disequazione	$ax > b$	$ax < b$
Soluzioni	• se $a > 0 \Rightarrow x > \frac{b}{a}$; • se $a < 0 \Rightarrow x < \frac{b}{a}$; • se $\begin{matrix} a = 0 \\ b \geqslant 0 \end{matrix} \Rightarrow$ impossibile; • se $\begin{matrix} a = 0 \\ b < 0 \end{matrix} \Rightarrow$ sempre vera;	• se $a > 0 \Rightarrow x < \frac{b}{a}$; • se $a < 0 \Rightarrow x > \frac{b}{a}$; • se $\begin{matrix} a = 0 \\ b > 0 \end{matrix} \Rightarrow$ sempre vera; • se $\begin{matrix} a = 0 \\ b \leqslant 0 \end{matrix} \Rightarrow$ impossibile.

Prova tu a compilare schemi analoghi per le disequazioni $ax \geqslant b$ e $ax \leqslant b$.

5 Disequazioni letterali intere

Per risolvere le disequazioni letterali intere bisogna procedere come per le equazioni letterali, escludendo i valori del parametro che annullano gli eventuali denominatori e poi applicare i procedimenti visti per le disequazioni numeriche; poiché, quando la disequazione è ridotta a forma normale, il coefficiente dell'incognita è letterale, bisogna procedere alla **discussione della disequazione**, distinguendo i casi in cui il coefficiente è positivo, negativo o nullo. Vediamo come si procede con un esempio.

ESEMPIO

Risolviamo la disequazione:

$$4x + 3kx > -kx + k + 1$$

Riduciamo la disequazione nella forma $ax > b$:

$$4x + 3kx + kx > k + 1$$

$$4x + 4kx > k + 1$$

$$4(k + 1)x > k + 1$$

Il coefficiente della x è $4(k + 1)$; distinguiamo i vari casi:

a) se $4(k+1) > 0$ cioè se $k > -1$ si ha $x > \frac{k+1}{4(k+1)} \Rightarrow x > \frac{1}{4}$;

b) se $4(k+1) < 0$ cioè se $k < -1$ si ha $x < \frac{k+1}{4(k+1)} \Rightarrow x < \frac{1}{4}$;

c) se $4(k+1) = 0$ cioè se $k = -1$ la disequazione diventa $0x > 0$; poiché questa disuguaglianza non è mai verificata, la disequazione è impossibile.

AUTOVERIFICA 2

- **Come si procede per risolvere una disequazione razionale lineare intera?** ....

- **In quale forma deve essere ridotta una disequazione lineare per determinare il suo insieme soluzione?** ....

- **Completa:**

a) Data la disequazione $ax > b$

– se $a > 0$ si ha x ....;

– se $a < 0$ si ha x ....;

– se $a = 0$ si ha .... / ....

b) Data la disequazione $ax < b$

– se $a > 0$ si ha x ....;

– se $a < 0$ si ha x ....;

– se $a = 0$ si ha .... / ....

- **Risolvi le seguenti disequazioni lineari numeriche.**

a) $x^2 + 3x + 4 > (x + 2)^2 - 3 + 3\,(x + 1)$;

b) $-\dfrac{3}{4} + \dfrac{2}{3}\,x - \dfrac{1}{3} + 1 < \dfrac{1}{4} + 2x + \dfrac{1}{3}$;

c) $2\,(x - 2)^2 - 3\,(x + 2)^2 < 12x - x^2$;

d) $\dfrac{2}{3} + 3\left[3\,(x - 1) - \dfrac{2}{3}\,(x + 2)^2\right] + 1 > 2\,[2x + 5 - (x + 3)^2] + \dfrac{5}{3}$.

- **Completa.**

Nelle disequazioni letterali, oltre l'incognita compaiono altre lettere dette ....; prima di risolvere la disequazione bisogna .... i valori del parametro che .... i denominatori eventualmente presenti; per tali valori la disequazione ....

- **Rispondi.**

a) Perché, quando una disequazione letterale è ridotta a forma normale, bisogna procedere alla discussione della disequazione? ....

b) Quali casi bisogna distinguere? ....

- **Risolvi e discuti le seguenti disequazioni letterali.**

a) $3ax + 2 < 1$;

b) $2 + \dfrac{x}{k} - \dfrac{2x - 1}{2k} > x - 1$.

SCHEDA DI LAVORO 1

1. Scrivi in simboli le seguenti disuguaglianze.

a) 3 è minore di 20;
b) $-\frac{1}{10}$ è maggiore di $-\frac{1}{4}$;
c) 0 è maggiore di -1;
d) x non è minore di 3;
e) y non è maggiore di 6;
f) x è compreso fra 2 e 5;
g) x è non maggiore di 7 e maggiore di 3;
h) y è non minore di 2 e non maggiore di 10.

2. Vero o Falso?

	V	F
a) Se $a < b$ e $m > 0 \Rightarrow a + m < b + m$.	☐	☐
b) Se $a > b$ e $m > 0 \Rightarrow \frac{a}{m} < \frac{b}{m}$.	☐	☐
c) Se $a < b$ e $m < 0 \Rightarrow am < bm$.	☐	☐
d) Se $a > b \Rightarrow -a < -b$.	☐	☐
e) Se $a < b$ e $c < d \Rightarrow a + c < b + d$.	☐	☐

3. Scrivi sotto ogni rappresentazione grafica l'intervallo corrispondente.

a) 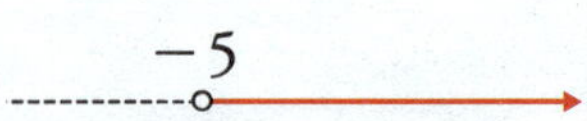

....

b) 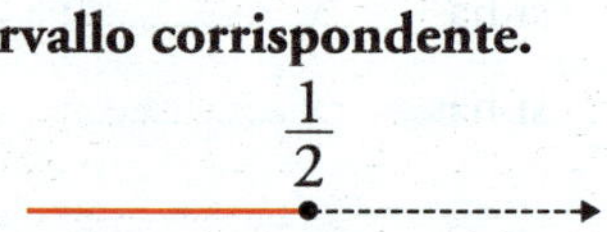

....

c) 

....

d) 

....

e) 

....

f) 

....

4. Completa.

a) Se l'insieme soluzione S di una disequazione è $S = \emptyset$, la disequazione è ....

b) Se l'insieme soluzione S è $S = \mathbb{Q}$, la disequazione è verificata ....

5. Completa la tabella.

Disequazione	Principio di equivalenza applicato	Disequazione equivalente	Soluzione
$3x + 2 < 11$		$3x < 9$	
$4x < 2$		$2x < 1$	
$3 + 5x > 7$	1° principio: addizionare -3		
$6x + 18 > 36$	2° principio: dividere per 6		

6. Risolvi le seguenti disequazioni lineari intere e rappresenta graficamente *S*.

a) $4(x-2) > 8$;
b) $5(x^2-3) \leqslant 6 + 5x(x-1)$;
c) $(1+x)^2 - (x+1)(x-1) \geqslant 2x + (x-1)^3 - x(x^2-3x)$;
d) $-\frac{5}{2}x + \frac{1-6x}{8} + \frac{7}{2}x + 1 < \frac{2x-5}{24} + 1$.

7. Risolvi e discuti le seguenti disequazioni letterali.

a) $kx + 4x - 2 > k$;
b) $(x+b)(x-b) - (x-b)^2 > 2x + 2b$.

Controlla le soluzioni di questa scheda a pag. 672

Evidenzio il percorso che ho seguito

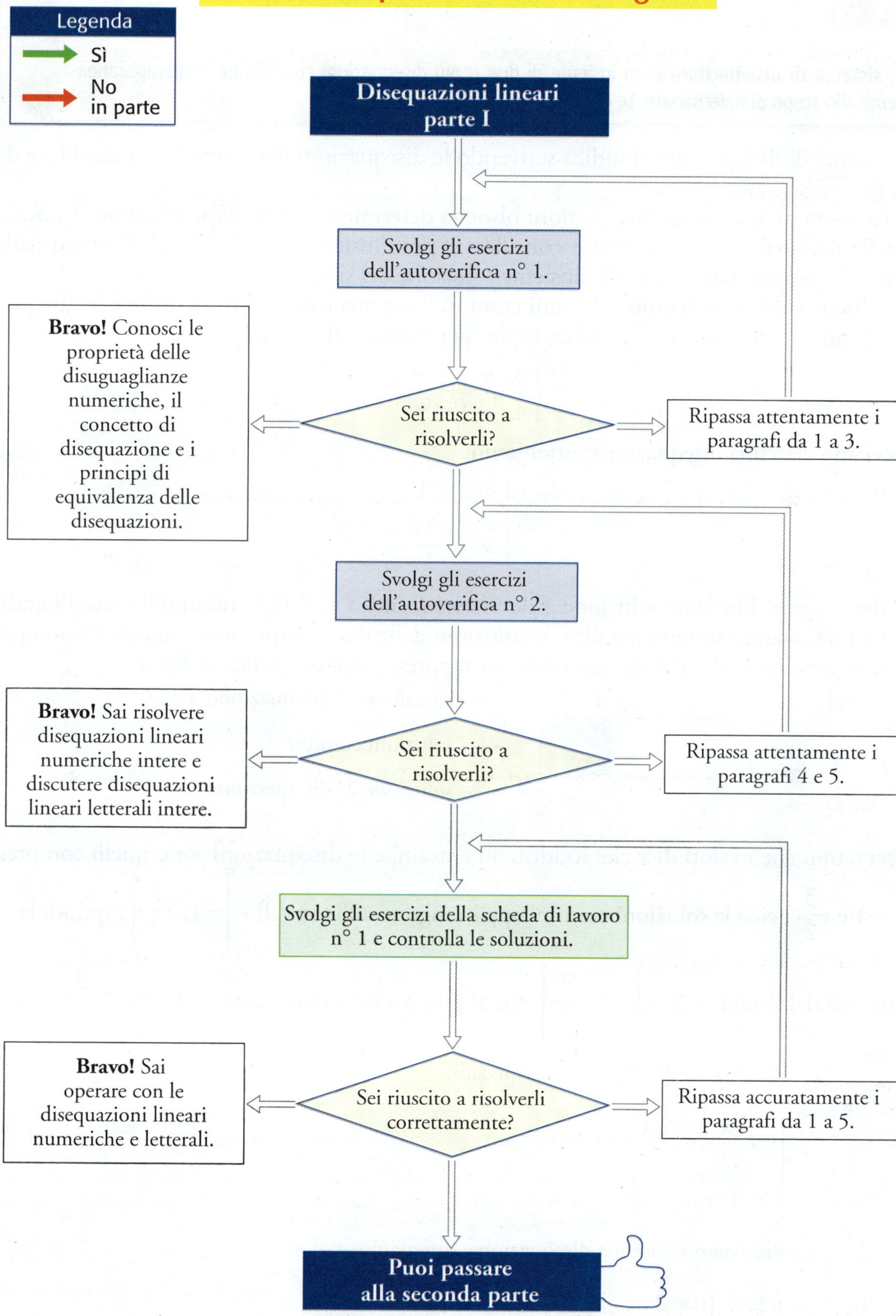

6 Sistemi di disequazioni lineari

Un **sistema di disequazioni** è un insieme di due o più disequazioni considerate contemporaneamente allo scopo di determinare, se esistono, le soluzioni comuni.

Un sistema di disequazioni si indica scrivendo le disequazioni una sotto l'altra racchiuse da una parentesi graffa.
Per risolvere un sistema di disequazioni bisogna determinare gli insiemi soluzione S_1, S_2, ... S_n delle disequazioni del sistema e considerare poi l'insieme $S_1 \cap S_2 \cap \ldots S_n$ formato dalle soluzioni comuni; tale insieme è l'insieme soluzione del sistema.
Se le disequazioni non hanno soluzioni comuni il sistema è detto **impossibile** e le disequazioni sono dette incompatibili. Ad esempio, per risolvere il sistema

$$\begin{cases} 3x+2>-1 \\ 4x-1<5 \end{cases}$$

risolviamo ciascuna disequazione; otteniamo:

$$\begin{cases} x>-1 \\ x<\dfrac{3}{2} \end{cases}$$

Per determinare l'insieme soluzione S del sistema, cioè $S = S_1 \cap S_2$ usiamo il metodo grafico, rappresentando su rette parallele le soluzioni delle due disequazioni e individuando poi la parte comune alle due rette; otteniamo la rappresentazione grafica di fig. 4.

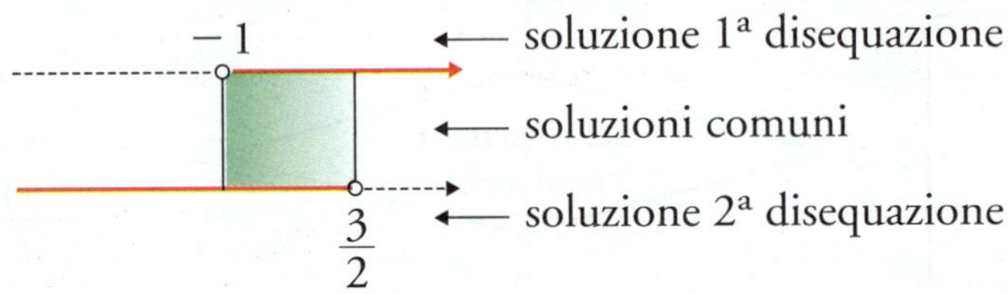

figura 4

Osserviamo che i valori di x che soddisfano entrambe le disequazioni sono quelli compresi fra -1 e $\dfrac{3}{2}$, cioè le soluzioni comuni appartengono all'intervallo $\left]-1; \dfrac{3}{2}\right[$, quindi la soluzione del sistema è $S = \left]-1; \dfrac{3}{2}\right[$ che si può anche scrivere così: $-1 < x < \dfrac{3}{2}$.

ESEMPI

1. Risolviamo il sistema di disequazioni

$$\begin{cases} \dfrac{3}{2}x-5\leqslant 1 \\ 5x+\dfrac{1}{3}>\dfrac{3}{4} \end{cases}$$

Risolviamo ciascuna disequazione; otteniamo:

$$\begin{cases} 3x-10\leqslant 2 \\ 60x+4>9 \end{cases} \Rightarrow \begin{cases} 3x\leqslant 12 \\ 60x>5 \end{cases} \Rightarrow \begin{cases} x\leqslant 4 \\ x>\dfrac{1}{12} \end{cases}$$

Rappresentiamo graficamente le soluzioni delle due disequazioni e individuiamo le soluzioni comuni (fig. 5):

figura 5

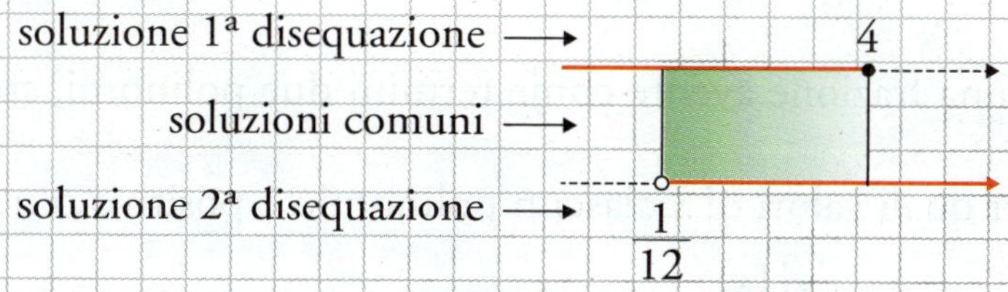

Osserviamo che i valori di x che soddisfano entrambe le disequazioni sono quelli compresi fra $\frac{1}{12}$ e 4, con 4 incluso, cioè le soluzioni comuni appartengono all'intervallo $\left]\frac{1}{12}; 4\right]$, quindi le soluzioni del sistema sono $\frac{1}{12} < x \leqslant 4$.

2. Risolviamo il sistema di disequazioni

$$\begin{cases} 5x - 7 > 18 \\ 6x + \frac{1}{2} \leqslant \frac{17}{2} + 10 \end{cases}$$

Risolviamo ciascuna disequazione; otteniamo:

$$\begin{cases} 5x > 25 \\ 12x + 1 \leqslant 17 + 20 \end{cases} \Rightarrow \begin{cases} x > 5 \\ 12x \leqslant 36 \end{cases} \Rightarrow \begin{cases} x > 5 \\ x \leqslant 3 \end{cases}$$

Rappresentiamo graficamente le soluzioni delle due disequazioni e individuiamo le soluzioni comuni (fig. 6):

figura 6

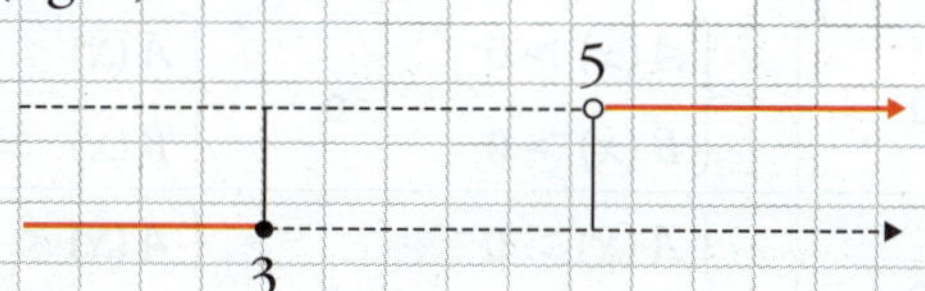

Osserviamo che non esistono valori di x che soddisfano entrambe le disequazioni, cioè non esistono soluzioni comuni; pertanto, poiché $S = \varnothing$, il sistema dato è impossibile.

7 Disequazioni frazionarie (o fratte)

Una disequazione razionale frazionaria, cioè una disequazione in cui l'incognita compare in almeno un denominatore delle frazioni presenti, si può sempre ricondurre alla forma $\frac{A(x)}{B(x)} > 0$ oppure $\frac{A(x)}{B(x)} < 0$, dove $A(x)$ e $B(x)$ sono due polinomi nella variabile x.

In una disequazione di questo tipo, dopo aver posto le condizioni di accettabilità, cioè dopo aver individuato i valori numerici che, sostituiti all'incognita, annullano i denominatori, **si studia il segno della frazione algebrica**. Nelle disequazioni frazionarie **non si può eliminare il denominatore**, come nella risoluzione delle equazioni fratte, poiché il segno della frazione dipende sia dal segno del numeratore che da quello del denominatore. Poiché la frazione $\frac{A(x)}{B(x)}$ è una frazione avente come termini due polinomi, studiarne il segno vuol dire individuare per quali valori di x ciascun polinomio è positivo o negativo.

Osserviamo che la disequazione $\frac{A(x)}{B(x)} > 0$ è soddisfatta per quei valori di x per i quali i due polinomi $A(x)$ e $B(x)$ sono dello stesso segno, cioè le sue soluzioni sono date dall'unione delle soluzioni dei due sistemi

$$\begin{cases} A(x) > 0 \\ B(x) > 0 \end{cases} \quad \text{e} \quad \begin{cases} A(x) < 0 \\ B(x) < 0 \end{cases}$$

Analogamente la disequazione $\frac{A(x)}{B(x)} < 0$ è soddisfatta per quei valori di x per i quali i due polinomi $A(x)$ e $B(x)$ sono di segno opposto, cioè le sue soluzioni sono date dall'unione delle soluzioni dei due sistemi

$$\begin{cases} A(x) > 0 \\ B(x) < 0 \end{cases} \quad \text{e} \quad \begin{cases} A(x) < 0 \\ B(x) > 0 \end{cases}$$

Risolvere quindi una disequazione razionale frazionaria vuol dire risolvere due sistemi di disequazioni lineari intere. Riassumiamo quanto detto con uno schema.

Disequazione	Sistemi risolutivi
$\frac{A(x)}{B(x)} > 0$	$\begin{cases} A(x) > 0 \\ B(x) > 0 \end{cases}$ e $\begin{cases} A(x) < 0 \\ B(x) < 0 \end{cases}$
$\frac{A(x)}{B(x)} < 0$	$\begin{cases} A(x) > 0 \\ B(x) < 0 \end{cases}$ e $\begin{cases} A(x) < 0 \\ B(x) > 0 \end{cases}$

ESEMPI

1. Risolviamo la disequazione frazionaria

$$2 + \frac{2}{x-1} > \frac{1}{2} + \frac{3x}{1-x} + \frac{3}{2}$$

Determiniamo innanzitutto le condizioni di accettabilità (C.A.), cioè: $x \neq 1$.
Trasportiamo tutti i termini al primo membro e riduciamo al minimo comun denominatore in modo da ridurre la disequazione nella forma $\frac{A(x)}{B(x)} > 0$:

$$\cancel{2} + \frac{2}{x-1} - \frac{1}{\cancel{2}} - \frac{3x}{1-x} - \frac{3}{\cancel{2}} > 0$$

$$\frac{2}{x-1} - \left(-\frac{3x}{x-1}\right) > 0 \Rightarrow \frac{2}{x-1} + \frac{3x}{x-1} > 0 \Rightarrow \frac{2+3x}{x-1} > 0$$

Studiamo ora il segno della frazione $\dfrac{2+3x}{x-1} > 0$.

Risolviamo i due sistemi:

$$\begin{cases} 2+3x > 0 \\ x-1 > 0 \end{cases} \Rightarrow \begin{cases} x > -\dfrac{2}{3} \\ x > 1 \end{cases} \qquad \begin{cases} 2+3x < 0 \\ x-1 < 0 \end{cases} \Rightarrow \begin{cases} x < -\dfrac{2}{3} \\ x < 1 \end{cases}$$

Rappresentiamo con uno schema grafico le soluzioni;

per il primo sistema si ha:

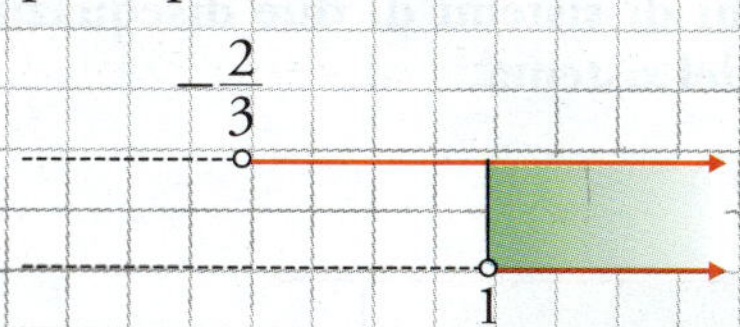

perciò il sistema ha come soluzione $x > 1$;

per il secondo sistema si ha:

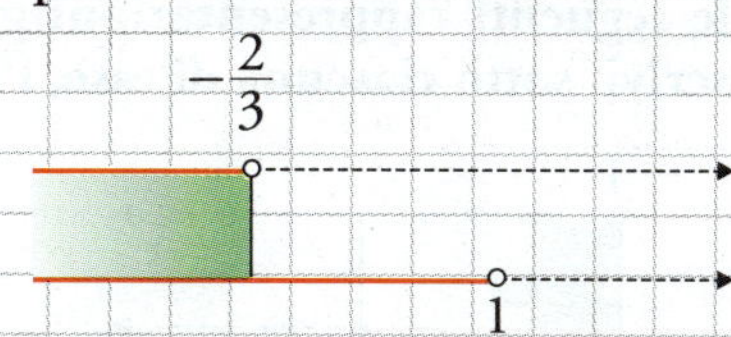

in questo caso la soluzione del sistema è $x < -\dfrac{2}{3}$.

Perciò dall'unione delle soluzioni si ha:

$$S = \left]-\infty; -\frac{2}{3}\right[\cup \left]1; +\infty\right[$$

Generalmente per risolvere una disequazione frazionaria si utilizza un procedimento più semplice. Vediamolo risolvendo l'esempio seguente.

2. Risolviamo la disequazione frazionaria:

$$\frac{4x+5}{7x-1} \leqslant 0$$

La condizione di accettabilità delle soluzioni è $7x-1 \neq 0 \Rightarrow x \neq \dfrac{1}{7}$.

Studiamo il segno del numeratore e del denominatore:

$N \geqslant 0 \qquad 4x+5 \geqslant 0 \Rightarrow x \geqslant -\dfrac{5}{4}$

$D > 0 \qquad 7x-1 > 0 \Rightarrow x > \dfrac{1}{7}$

Rappresentiamo graficamente i segni del numeratore, del denominatore e della frazione algebrica scrivendo sulle rette orientate il segno + sui tratti corrispondenti ai valori per i quali sono positivi e il segno − sui tratti corrispondenti ai valori per i quali sono negativi; otteniamo:

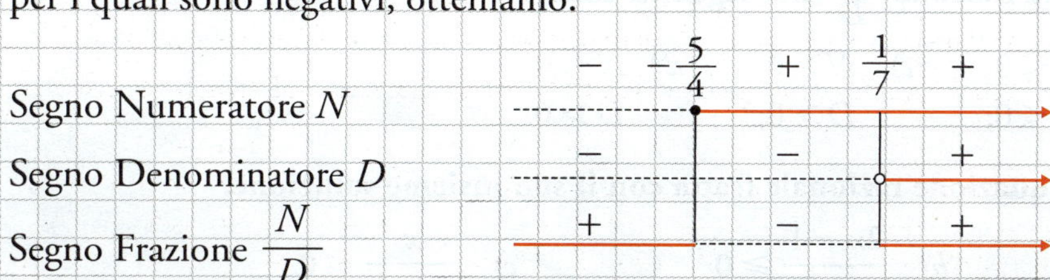

figura 7

Poiché la disequazione data è verificata per i valori di x che rendono la frazione algebrica negativa o nulla, l'insieme delle soluzioni è dato dall'intervallo $-\dfrac{5}{4} \leqslant x < \dfrac{1}{7}$, che si può anche indicare così: $S = \left[-\dfrac{5}{4}; \dfrac{1}{7}\right[$.

AUTOVERIFICA 3

- **Cos'è un sistema di disequazioni?** ....
- **Come si risolve un sistema di disequazioni?** ....
....
- **Quando un sistema di disequazioni è detto impossibile?** ....
....
- **Osserva le seguenti rappresentazioni grafiche delle soluzioni di sistemi di due disequazioni lineari e scrivi, sotto ciascuna di esse, l'insieme *S* soluzione del sistema.**

a)

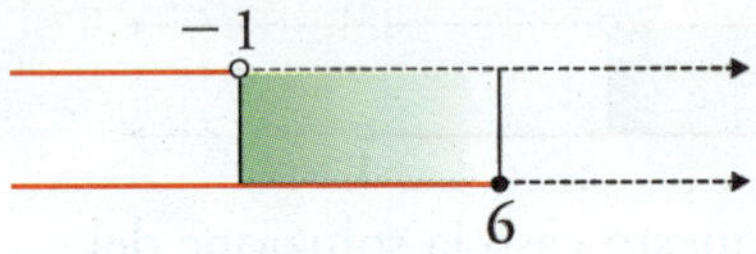

..................;

b)

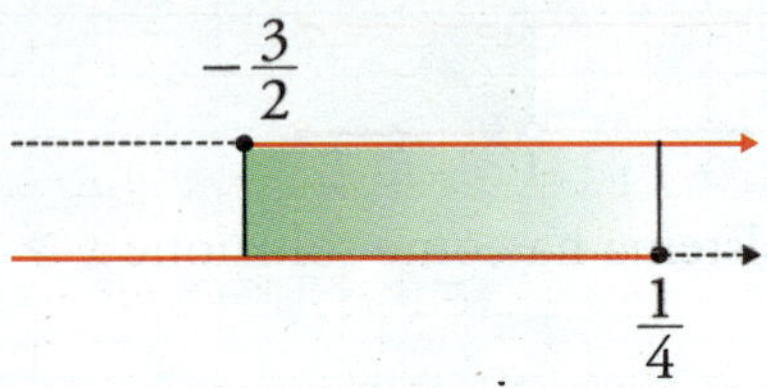

..................;

c)

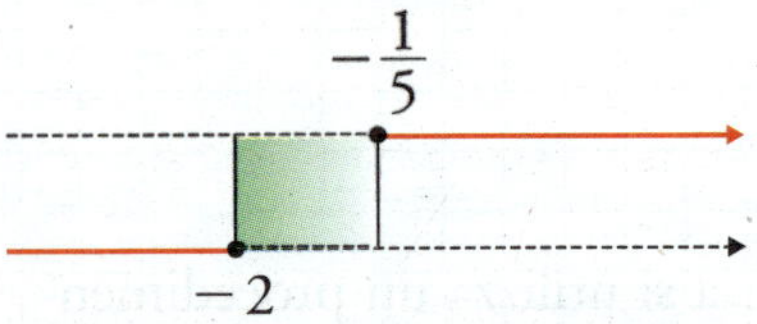

.... ;

d)

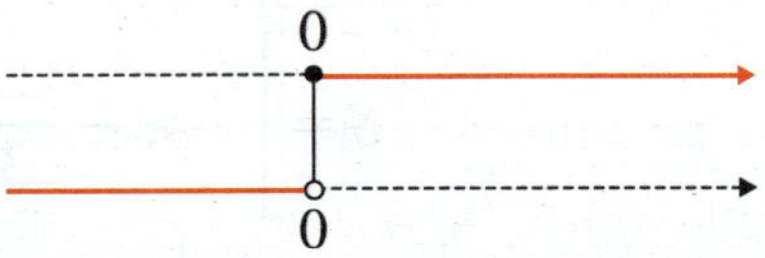

....

- **Risolvi i seguenti sistemi di disequazioni e rappresenta graficamente le soluzioni.**

a) $\begin{cases} x+5\geqslant 0 \\ 2x-3<7 \end{cases}$ *b)* $\begin{cases} \dfrac{x}{2}+\dfrac{x}{4}<9 \\ \dfrac{x}{3}+\dfrac{x}{5}>4 \end{cases}$ *c)* $\begin{cases} \dfrac{x-1}{3}\leqslant 1 \\ \dfrac{2x-1}{2}<4 \end{cases}$

- **Completa.**

a) se $\dfrac{A(x)}{B(x)}>0 \Rightarrow \begin{cases} A(x) \;\ldots\ldots\ldots \\ B(x) \;\ldots\ldots\ldots \end{cases}$ oppure $\begin{cases} A(x) \;\ldots\ldots\ldots \\ B(x) \;\ldots\ldots\ldots \end{cases}$;

b) se $\dfrac{A(x)}{B(x)}<0 \Rightarrow \begin{cases} A(x) \;\ldots\ldots\ldots \\ B(x) \;\ldots\ldots\ldots \end{cases}$ oppure $\begin{cases} A(x) \;\ldots\ldots\ldots \\ B(x) \;\ldots\ldots\ldots \end{cases}$.

- **Stabilisci il segno della frazione $\dfrac{N}{D}$ nei seguenti casi.**

a) $N>0$, $D<0$; *b)* $N<0$, $D<0$; *c)* $N>0$, $D>0$; *d)* $N<0$, $D>0$.

- **Collega ciascuna disequazione razionale fratta con il suo insieme soluzione.**

a) $5-\dfrac{5}{3x}<0$ *b)* $\dfrac{2x-1}{x+2}\geqslant 0$ *c)* $\dfrac{x}{x+1}\leqslant 0$

$S=\left]-\infty;-2\right[\cup\left[\dfrac{1}{2};+\infty\right[$ $S=\left]-1;0\right]$ $S=\left]0;\dfrac{1}{3}\right[$

8 I problemi risolvibili mediante le disequazioni lineari

Come abbiamo visto nel paragrafo 2 una disequazione può rappresentare la traduzione algebrica di un problema.
Numerosi problemi si possono risolvere mediante una disequazione lineare: vediamo alcuni esempi.

ESEMPI

1. Quali valori può assumere un numero x se il suo doppio, diminuito di 7, non deve superare 13?
Indichiamo con x il numero e traduciamo il testo del problema in disequazione:

$$2x - 7 \leqslant 13$$

Risolviamo la disequazione; otteniamo:

$$2x \leqslant 13 + 7 \Rightarrow 2x \leqslant 20 \Rightarrow x \leqslant 10$$

La soluzione della disequazione è $x \leqslant 10$, quindi il numero cercato deve essere non maggiore di 10.

2. Nelle prime tre prove scritte di matematica del quadrimestre Marta ha riportato le seguenti valutazioni: 6, 4, 5.
Calcola quale dovrà essere il voto minimo della quarta prova sapendo che Marta vorrebbe aumentare di almeno un punto la sua media attuale.
Indicando con x il voto del quarto compito, trasformiamo il testo in disequazione:

$$\frac{6+4+5+x}{4} \geqslant 1 + \frac{6+4+5}{3}$$

Risolviamo la disequazione; otteniamo:

$$18 + 12 + 15 + 3x \geqslant 12 + 24 + 16 + 20$$

$$45 + 3x \geqslant 72 \Rightarrow 3x \geqslant 27 \Rightarrow x \geqslant 9.$$

La soluzione della disequazione è $x \geqslant 9$, quindi il voto della quarta prova dovrà essere non minore di 9.

9 Equazioni e disequazioni con i valori assoluti

Già sappiamo che il valore assoluto di un numero a, cioè $|a|$, è:

$$|a| = \begin{cases} a & \text{se } a \geqslant 0 \\ -a & \text{se } a < 0 \end{cases}$$

Ad esempio:

$$|+2| = 2; \qquad |-3| = -(-3) = 3.$$

Se invece consideriamo il valore assoluto di un'espressione algebrica $A(x)$, cioè di un'espressione contenente una variabile, dobbiamo tener conto che la variabile può assumere valori diversi, quindi:

$|A(x)| = A(x)$ per i valori di x per i quali $A(x) \geqslant 0$;

$|A(x)| = -A(x)$ per i valori di x per i quali $A(x) < 0$.

Ad esempio determiniamo il valore assoluto di $x-2$, cioè $|x-2|$; si verificano due casi:

a) se $x-2 \geqslant 0$, cioè se $x \geqslant 2$ si ha $|x-2| = x-2$;

b) se $x-2 < 0$, cioè se $x < 2$ si ha $|x-2| = -(x-2) = 2-x$.

Sintetizziamo i risultati con uno schema:

$$|x-2| = \begin{cases} x-2 & \text{se } x \geqslant 2 \\ 2-x & \text{se } x < 2 \end{cases}$$

Quando un'equazione contiene il valore assoluto di un'espressione $A(x)$, contenente cioè l'incognita, bisogna **studiare il segno** dell'espressione $A(x)$, considerando i due casi che ne derivano; si risolvono quindi due sistemi misti formati da:

1. la disequazione $A(x) \geqslant 0$ e l'equazione data, in cui a $|A(x)|$ si sostituisce $A(x)$;
2. la disequazione $A(x) < 0$ e l'equazione data, in cui a $|A(x)|$ si sostituisce $-A(x)$.

L'insieme soluzione dell'equazione data è l'unione delle soluzioni dei due sistemi.

ESEMPI

1. Risolviamo l'equazione $3|x| - 5 = 4$

Poiché $|x| = \begin{cases} x & \text{se } x \geqslant 0 \\ -x & \text{se } x < 0 \end{cases}$

otteniamo i due sistemi:

$\begin{cases} x \geqslant 0 \\ 3x - 5 = 4 \end{cases}$ $\qquad$ $\begin{cases} x < 0 \\ 3(-x) - 5 = 4 \end{cases}$

Risolviamo i due sistemi; otteniamo:

$\begin{cases} x \geqslant 0 \\ x = 3 \end{cases}$ $\qquad$ $\begin{cases} x < 0 \\ x = -3 \end{cases}$

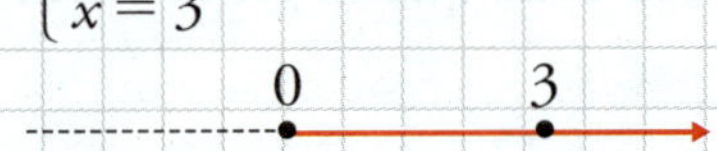

Nel primo sistema la soluzione $x = 3$ è accettabile poiché è maggiore di 0.

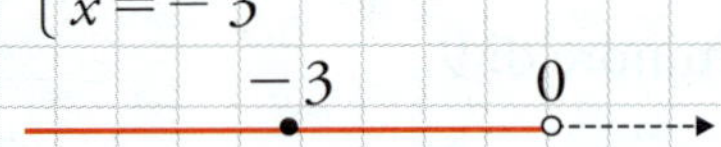

Nel secondo sistema la soluzione $x = -3$ è accettabile poiché è minore di 0.

Quindi l'equazione data ha due soluzioni: $x = 3$ e $x = -3$, cioè $S = \{-3, 3\}$.

2. Risolviamo l'equazione $|3x-6| + 5 = 2x - 1$

Poiché $|3x-6| = \begin{cases} 3x-6 & \text{se } 3x-6 \geqslant 0, \text{ cioè se } x \geqslant 2 \\ 6-3x & \text{se } 3x-6 < 0, \text{ cioè se } x < 2 \end{cases}$

otteniamo i due sistemi:

$\begin{cases} x \geqslant 2 \\ 3x - 6 + 5 = 2x - 1 \end{cases}$ $\qquad$ $\begin{cases} x < 2 \\ 6 - 3x + 5 = 2x - 1 \end{cases}$

Risolviamo i due sistemi; otteniamo:

$$\begin{cases} x \geq 2 \\ 3x - 2x = 6 - 5 - 1 \end{cases} \qquad \begin{cases} x < 2 \\ -3x - 2x = -6 - 5 - 1 \end{cases} \Rightarrow$$

$$\Rightarrow \begin{cases} x \geq 2 \\ x = 0 \end{cases} \qquad \begin{cases} x < 2 \\ -5x = -12 \end{cases} \Rightarrow$$

$$\begin{cases} x \geq 2 \\ x = 0 \end{cases} \qquad \begin{cases} x < 2 \\ x = \dfrac{12}{5} \end{cases}$$

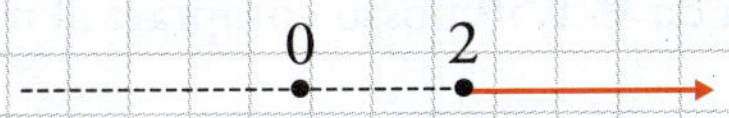

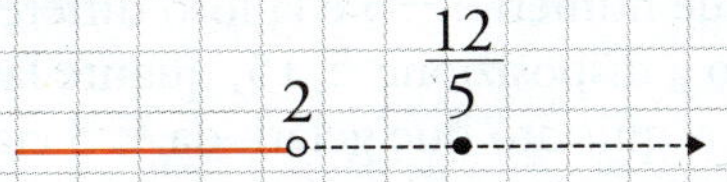

Nel primo sistema la soluzione $x = 0$ non è accettabile poiché è minore di 2.

Nel secondo sistema la soluzione $x = \frac{12}{5}$ non è accettabile poiché è maggiore di 2.

Poiché entrambi i sistemi non hanno soluzione, l'equazione data è impossibile, cioè $S = \varnothing$.

Il procedimento visto per le equazioni con i valori assoluti si applica anche nella risoluzione delle disequazioni con i valori assoluti. Vediamo un esempio.

ESEMPIO

Risolviamo la disequazione $|x - 3| + 5 > 4$

Poiché $|x - 3| = \begin{cases} x - 3 & \text{se } x \geq 3 \\ 3 - x & \text{se } x < 3 \end{cases}$

otteniamo i due sistemi:

$$\begin{cases} x \geq 3 \\ x - 3 + 5 > 4 \end{cases} \qquad \begin{cases} x < 3 \\ 3 - x + 5 > 4 \end{cases}$$

Risolviamo i due sistemi; otteniamo:

$$\begin{cases} x \geq 3 \\ x > 2 \end{cases} \qquad \begin{cases} x < 3 \\ x < 4 \end{cases}$$

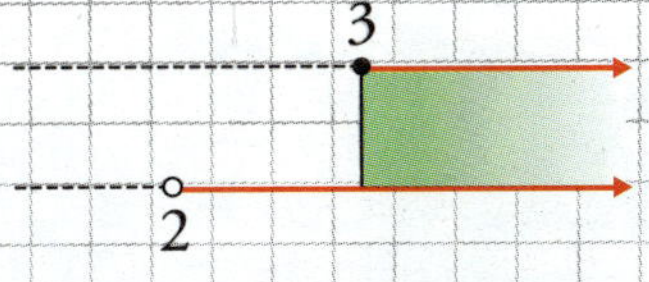

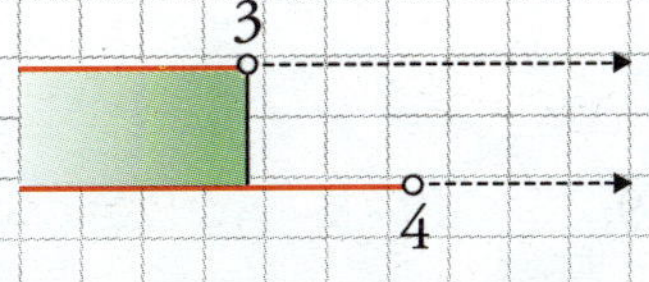

La soluzione del primo sistema è $x \geq 3$.

La soluzione del secondo sistema è $x < 3$.

La soluzione della disequazione data è l'unione delle soluzioni dei due sistemi, cioè $S =]-\infty; 3[\cup [3; +\infty[$, che equivale a $]-\infty; +\infty[$.

AUTOVERIFICA 4

■ **Individua quali, fra i seguenti problemi, si possono risolvere con una disequazione lineare.**

a) La somma di un numero e del suo triplo è uguale al quintuplo del numero stesso diminuito di 3.

b) Quali valori può assumere un numero x se il suo doppio, aumentato di 4, non deve superare 16?

c) Ciascun lato di un triangolo isoscele è i $\frac{13}{10}$ della base e il perimetro misura 72 cm. Determina le misure dei tre lati.

d) La somma di due numeri è -3 e la loro differenza è -13. Determina i due numeri.

e) Sapendo che ho a disposizione € 15, quante lattine di bibita da € 1,50 posso comprare al massimo, se ho già acquistato due gelati da € 3 ciascuno?

■ **Risolvi i problemi che hai individuato nell'esercizio precedente.**

■ **Cosa indica il simbolo $|A(x)|$?** ....

■ **Completa:**

a) $|3x-15| = \begin{cases} \ldots\ldots & \text{se } x \ldots\ldots \\ \ldots\ldots & \text{se } x \ldots\ldots \end{cases}$;

b) $\left|9-\frac{1}{3}x\right| = \begin{cases} \ldots\ldots & \text{se } x \ldots\ldots \\ \ldots\ldots & \text{se } x \ldots\ldots \end{cases}$;

c) $|20x-4| = \begin{cases} \ldots\ldots & \text{se } x \ldots\ldots \\ \ldots\ldots & \text{se } x \ldots\ldots \end{cases}$.

■ **Completa.**

Quando un'equazione o una disequazione contiene il valore assoluto di un'espressione $A(x)$ bisogna ....

Si risolvono quindi due ....

L'insieme soluzione dell'equazione o della disequazione data è ....

■ **Risolvi le seguenti equazioni e disequazioni con i valori assoluti.**

a) $2-|5x+1| = 6$;

b) $\left|\frac{3}{5}x+2\right|-3 = 9$;

c) $3+|2x| \leq 15$;

d) $|7x-1|+8 \geq 28$.

SCHEDA DI LAVORO 2

1. Determina, graficamente, le eventuali soluzioni comuni a ciascuna delle seguenti coppie di disequazioni:

a) $\begin{cases} x < 2 \\ x > -1 \end{cases}$; *b)* $\begin{cases} x \geqslant 0 \\ x \leqslant \dfrac{13}{3} \end{cases}$; *c)* $\begin{cases} x < -\dfrac{1}{2} \\ x \geqslant -\dfrac{5}{2} \end{cases}$; *d)* $\begin{cases} x \leqslant \dfrac{4}{7} \\ x > \dfrac{12}{5} \end{cases}$.

2. Osserva la seguente rappresentazione grafica delle soluzioni di due disequazioni e individua, fra quelli dati, l'insieme soluzione del sistema formato dalle due disequazioni.

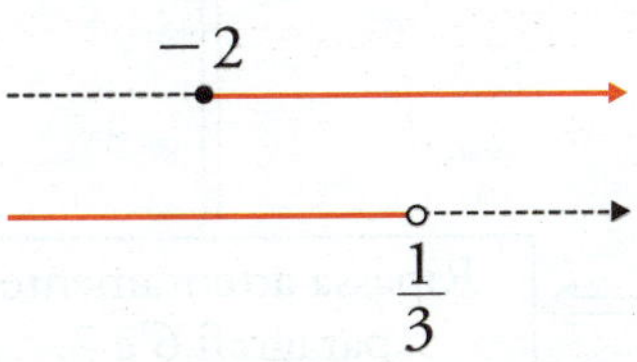

a) $\left]-2; \dfrac{1}{3}\right]$; *b)* $\left[-2; \dfrac{1}{3}\right]$;

c) $\left]-\infty; -2\right] \cup \left]\dfrac{1}{3}; +\infty\right[$; *d)* $\left[-2; \dfrac{1}{3}\right[$.

3. Risolvi i seguenti sistemi di disequazioni.

a) $\begin{cases} 3x + 24 \geqslant 0 \\ 6x - 9 < 21 \end{cases}$; *b)* $\begin{cases} \dfrac{3x}{5} + \dfrac{2x}{3} \leqslant \dfrac{38}{15} \\ \dfrac{2}{3}x - \dfrac{1}{2} > -\dfrac{19}{6} \end{cases}$.

4. Individua, fra quelle date, la disequazione razionale frazionaria il cui insieme soluzione è rappresentato graficamente nel seguente modo:

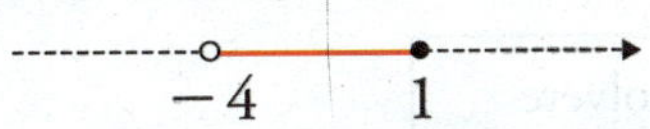

a) $\dfrac{x+4}{x+1} \geqslant 0$; *b)* $\dfrac{x+1}{x-4} \leqslant 0$; *c)* $\dfrac{x-1}{x+4} \leqslant 0$; *d)* $\dfrac{x-4}{x-1} \leqslant 0$.

5. Individua, per ciascun problema dato, la sua disequazione risolutiva e risolvilo.

a) Quali valori può assumere un numero x se il suo triplo aumentato di 18 non può superare il numero stesso?

b) Il prodotto del triplo di un numero x per 18 deve essere minore del numero stesso. Quali valori può assumere x?

I) $18(3x) < x$.

II) $3x + 18 \leqslant x$.

6. Vero o Falso?

				V	F
a)	$\lvert x-5 \rvert = x - 5$	se	$x > 5$.	☐	☐
b)	$\lvert 3x+9 \rvert = -3x + 9$	se	$x < -3$.	☐	☐
c)	$\left\lvert \dfrac{1}{2}x + 2 \right\rvert = -\dfrac{1}{2}x - 2$	se	$x < -4$.	☐	☐
d)	$\left\lvert \dfrac{5}{2}x - 15 \right\rvert = 15 - \dfrac{5}{2}x$	se	$x < 6$.	☐	☐

7. Data la disequazione $7x - \lvert 3x - 4 \rvert - 1 \geqslant 0$ individua, tra quelli dati, il suo insieme soluzione.

a) $S = \left]0; \dfrac{1}{2}\right[\cup \left]\dfrac{1}{2}; \dfrac{4}{3}\right[$; *b)* $S = \left[\dfrac{1}{2}; +\infty\right[$;

c) $S = \left[\dfrac{1}{2}; \dfrac{4}{3}\right[\cup \left]\dfrac{4}{3}; +\infty\right[$; *d)* $S = \left[\dfrac{1}{2}; \dfrac{4}{3}\right]$.

Controlla le soluzioni di questa scheda a pag. 672

Evidenzio il percorso che ho seguito

Legenda
- Sì (freccia verde)
- No / in parte (freccia rossa)

Disequazioni lineari parte II

Svolgi gli esercizi dell'autoverifica n° 3.

Sei riuscito a risolverli?

- Sì → **Bravo!** Sai risolvere i sistemi di disequazioni lineari e le disequazioni frazionarie.
- No → Ripassa attentamente i paragrafi 6 e 7.

Svolgi gli esercizi dell'autoverifica n° 4.

Sei riuscito a risolverli?

- Sì → **Bravo!** Sai risolvere problemi, mediante le disequazioni, ed equazioni e disequazioni con i valori assoluti.
- No → Ripassa attentamente i paragrafi 8 e 9.

Svolgi gli esercizi della scheda di lavoro n° 2 e controlla le soluzioni.

Sei riuscito a risolverli correttamente?

- Sì → **Bravo!** Sai operare con le disequazioni lineari e risolvere situazioni problematiche.
- No → Ripassa accuratamente i paragrafi da 6 a 9.

Puoi passare al prossimo Tema

SINTESI

Disuguaglianze numeriche	Una disuguaglianza numerica può essere del tipo: – $\boldsymbol{a > b}$ (a è maggiore di b); – $\boldsymbol{a < b}$ (a è minore di b); – $\boldsymbol{a \geqslant b}$ (a è maggiore o uguale a b); – $\boldsymbol{a \leqslant b}$ (a è minore o uguale a b).	• $4 > 3$ • $-2 < 1$ • $5 \geqslant 3$ • $2 \leqslant 7$
Disequazioni	Una **disequazione** è una disuguaglianza fra due espressioni algebriche delle quali almeno una contiene una lettera detta incognita.	$3x + 1 \geqslant 2x - 4$
	Risolvere una disequazione vuol dire determinare l'insieme ***S*** delle soluzioni. Le soluzioni di una disequazione si possono rappresentare: – **graficamente**; – **con intervalli**.	$5x - 7 \leqslant 3 \Rightarrow x \leqslant 2$  $]-\infty; 2]$
	Principi di equivalenza *a*) ***Primo principio***: se ai due membri di una disequazione si addiziona uno stesso numero (o una stessa espressione algebrica che non deve restringere le condizioni di esistenza della disequazione) si ottiene una disequazione equivalente a quella data. *b*) ***Secondo principio***: se i due membri di una disequazione si moltiplicano (o si dividono) per uno stesso numero positivo si ottiene una disequazione equivalente a quella data; se si moltiplicano (o si dividono) per uno stesso numero negativo e si inverte il senso della disuguaglianza si ottiene una disequazione equivalente a quella data.	$3x + 4 > x \quad x > -2$ *a*) $3x + 4 - 5 > x - 5$ $3x - 1 > x - 5$ $3x - x > 1 - 5$ $2x > -4 \Rightarrow x > -2.$ *b*) $(3x + 4) \cdot 2 > x \cdot 2$ $6x + 8 > 2x$ $6x - 2x > -8$ $4x > -8$ $x > -2.$
	Per risolvere una disequazione lineare numerica intera occorre innanzitutto ridurla alla forma $ax > b$ o $ax < b$, applicando i procedimenti già visti per le equazioni. Per determinare le soluzioni si procede così:	$3x - 1 > x - 3$ $3x - x > 1 - 3$ $2x > -2$	$5x - 4 < 8x + 5$ $5x - 8x < 4 + 5$ $-3x < 9$

Disequazione	$\boldsymbol{ax > b}$	$\boldsymbol{ax < b}$		
Soluzioni	se $a > 0 \Rightarrow x > \dfrac{b}{a}$	se $a > 0 \Rightarrow x < \dfrac{b}{a}$	$x > \dfrac{-2}{2}$	$x > \dfrac{9}{-3}$
	se $a < 0 \Rightarrow x < \dfrac{b}{a}$	se $a < 0 \Rightarrow x > \dfrac{b}{a}$	$x > -1$	$x > -3$
	se $\begin{matrix} a = 0 \\ b \geqslant 0 \end{matrix} \Rightarrow$ impossibile	se $\begin{matrix} a = 0 \\ b > 0 \end{matrix} \Rightarrow$ sempre vera		
	se $\begin{matrix} a = 0 \\ b < 0 \end{matrix} \Rightarrow$ sempre vera	se $\begin{matrix} a = 0 \\ b \leqslant 0 \end{matrix} \Rightarrow$ impossibile		

Disequazioni letterali	Per risolvere le disequazioni letterali intere bisogna procedere come per le equazioni letterali, escludendo i valori del parametro che annullanno gli eventuali denominatori e poi applicare i procedimenti visti per le disequazioni numeriche; poiché il coefficiente dell'incognita è letterale bisogna procedere alla **discussione della disequazione**, distinguendo i casi in cui il coefficiente è positivo, negativo o nullo.	$ax-1<0 \Rightarrow ax<1$ se $a>0 \Rightarrow x<\dfrac{1}{a}$ se $a<0 \Rightarrow x>\dfrac{1}{a}$ se $a=0 \Rightarrow$ sempre vera
Sistemi di disequazioni lineari	Un sistema di disequazioni è un insieme di disequazioni considerate contemporaneamente allo scopo di determinare, se esistono, le soluzioni comuni.	$\begin{cases}2x-1<7\\3x-2\geqslant 4\end{cases} \Rightarrow \begin{cases}2x<8\\3x\geqslant 6\end{cases} \Rightarrow \begin{cases}x<4\\x\geqslant 2\end{cases}$ 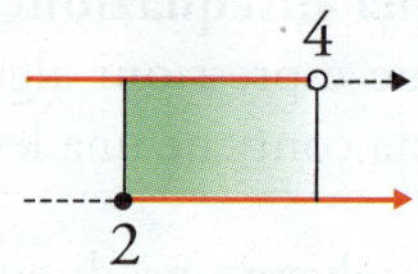 $2\leqslant x<4$
Disequazioni frazionarie (o fratte)	Una disequazione frazionaria si può sempre ricondurre alla forma $\dfrac{\boldsymbol{A(x)}}{\boldsymbol{B(x)}}>0$ oppure $\dfrac{\boldsymbol{A(x)}}{\boldsymbol{B(x)}}<0$, dove $A(x)$ e $B(x)$ sono due polinomi nella variabile x. Per risolvere una disequazione di questo tipo bisogna **studiare il segno della frazione**, cioè risolvere due sistemi; le soluzioni della disequazione sono date dall'unione delle soluzioni dei due sistemi. • $\dfrac{A(x)}{B(x)}>0$ è soddisfatta per i valori di x per i quali $\begin{cases}A(x)>0\\B(x)>0\end{cases}$ e $\begin{cases}A(x)<0\\B(x)<0.\end{cases}$ • $\dfrac{A(x)}{B(x)}<0$ è soddisfatta per i valori di x per i quali $\begin{cases}A(x)>0\\B(x)<0\end{cases}$ e $\begin{cases}A(x)<0\\B(x)>0.\end{cases}$	$\dfrac{2+x}{x-1}>0$ $\begin{cases}2+x>0\\x-1>0\end{cases}$ $\begin{cases}2+x<0\\x-1<0\end{cases}$ $\begin{cases}x>-2\\x>1\end{cases}$ $\begin{cases}x<-2\\x<1\end{cases}$ 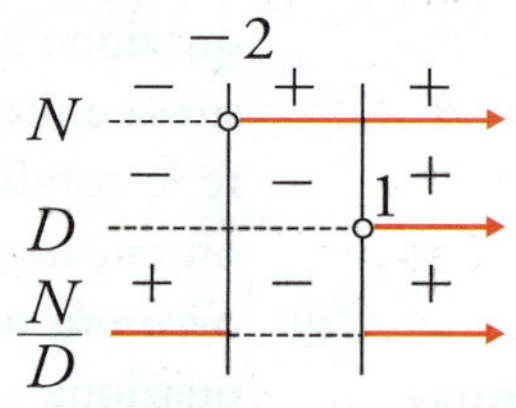 $x<-2;\ x>1$
Equazioni e disequazioni con i valori assoluti	Quando un'equazione (o una disequazione) contiene $\lvert A(x)\rvert$ cioè il valore assoluto di un'espressione $A(x)$, bisogna **studiare il segno di $A(x)$**, considerando i due casi che ne derivano; si risolvono quindi due sistemi formati da: **1.** la disequazione $A(x)\geqslant 0$ e l'equazione (o la disequazione) data, in cui a $\lvert A(x)\rvert$ si sostituisce $A(x)$; **2.** la disequazione $A(x)<0$ e l'equazione (o la disequazione) data, in cui a $\lvert A(x)\rvert$ si sostituisce $-A(x)$ L'insieme soluzione dell'equazione (o della disequazione) data è l'unione delle soluzioni dei due sistemi.	$2\lvert x-1\rvert>8$ $\lvert x-1\rvert = \begin{cases}x-1 & \text{per } x\geqslant 1\\1-x & \text{per } x<1\end{cases}$ $\begin{cases}x\geqslant 1\\2(x-1)>8\end{cases}$ $\begin{cases}x<1\\2(1-x)>8\end{cases}$ $\begin{cases}x\geqslant 1\\x>5\end{cases}$ $\begin{cases}x<1\\x<-3\end{cases}$ $x>5$ $x<-3$ $S=\,]-\infty;-3[\cup]5;+\infty[$

ESERCIZI

Le disuguaglianze numeriche

1. * Vero o Falso? Quando rispondi Falso, motiva la tua risposta. V F

a) Se due numeri sono diversi, la disuguaglianza si esprime con i simboli $>$ «maggiore di» o $<$ «minore di». ☐ ☐
b) Scrivere $a \leq b$ significa che il numero a può essere maggiore o anche uguale a b. ☐ ☐
c) Due disuguaglianze come $4 < 10$ e $-3 < 1$ sono dette dello stesso verso. ☐ ☐
d) Le disuguaglianze numeriche non godono di proprietà. ☐ ☐

2. * Vero o Falso?

a) $3 < 8$. V ☐ F ☐ *b*) $-5 > -3$. V ☐ F ☐ *c*) $-7 < -2$. V ☐ F ☐
d) $\frac{4}{9} > \frac{2}{3}$. ☐ ☐ *e*) $\frac{6}{5} > \frac{2}{3}$. ☐ ☐ *f*) $-\frac{9}{10} < -\frac{1}{2}$. ☐ ☐

3. * Completa le seguenti disuguaglianze (inserisci il segno opportuno $>$ o $<$).

a) 4 .... 3; *b*) 9 .... -2; *c*) -3 .... -1; *d*) $-\frac{1}{5}$ .... $-\frac{3}{4}$;
e) $\frac{7}{8}$ .... $\frac{2}{5}$; *f*) -6 .... -10; *g*) $\frac{15}{7}$ .... $\frac{3}{5}$; *h*) $-\frac{5}{4}$ .... $-\frac{7}{2}$.

4. * Considera le seguenti disuguaglianze e moltiplica entrambi i membri per -2. Osserva poi ciascuna disuguaglianza ottenuta. Cosa osservi? Motiva la tua risposta.

a) $4 > 3$; *b*) $-2 > -5$; *c*) $\frac{1}{3} < \frac{2}{5}$; *d*) $7 < 9$; *e*) $-\frac{2}{5} > -\frac{7}{10}$.

5. ** Verifica, per mezzo di tre esempi numerici, che se $a > b$ e $m > 0 \Rightarrow am > bm$; $\frac{a}{m} > \frac{b}{m}$.

6. ** Verifica, per mezzo di tre esempi numerici, che se $a < b$ e $m < 0 \Rightarrow am > bm$; $\frac{a}{m} > \frac{b}{m}$.

7. * Considera le seguenti disuguaglianze e scrivi i reciproci dei numeri ai due membri. Osserva ciascuna disuguaglianza ottenuta. Cosa noti? Motiva la tua risposta.

a) $9 > 3$; *b*) $-6 > -9$; *c*) $3 < 5$; *d*) $-3 < -2$; *e*) $8 > 2$; *f*) $45 > 15$.

8. ** Verifica, per mezzo di tre esempi numerici che se $a > b$ (con $a > 0$, $b > 0$ o $a < 0$, $b < 0$) $\Rightarrow \frac{1}{a} < \frac{1}{b}$.

9. ** Indica, in ogni caso, il completamento corretto.

Data la disuguaglianza $-5 < 2$:

a) considerando i reciproci di ciascun numero si ottiene:
☐ una disuguaglianza dello stesso verso; ☐ una disuguaglianza di verso opposto;
☐ un'uguaglianza;

b) considerando gli opposti di ciascun numero la disuguaglianza è:
☐ dello stesso verso; ☐ di verso opposto.

10. ** Considera le seguenti disuguaglianze fra numeri positivi, dello stesso verso e moltiplicale membro a membro. Cosa osservi? Motiva la tua risposta.

a) $7 > 3$; $4 > 2$. *b*) $3 < 5$; $2 < 8$. *c*) $10 > 5$; $7 > 3$. *d*) $20 < 30$; $5 < 10$.

11. ** Completa la seguente tabella (come nell'esempio).

$a>b$	$a<b$	a^2	b^2	a^3	b^3	$a^2>b^2$	$a^2<b^2$	$a^3>b^3$	$a^3<b^3$
$3>2$		9	4	27	8	$9>4$		$27>8$	
	$3<5$								
	$-6<-4$								
$7>3$									
$-3>-4$									

Le disequazioni

12. * Traduci le seguenti frasi con una disequazione.

a) La somma di un numero e del suo triplo non deve superare 40.
b) La differenza di un numero naturale e della sua metà è un numero minore di 15.
c) Quali possono essere i massimi valori di due numeri consecutivi affinché la loro somma non superi 31?

13. * Vero o Falso? Quando rispondi Falso, motiva la tua risposta.

	V	F
a) Una disequazione è una disuguaglianza fra due espressioni algebriche delle quali almeno una contiene una lettera, detta incognita.	☐	☐
b) L'insieme delle soluzioni delle disequazioni, detto insieme *S*, contiene sempre tutti i numeri razionali.	☐	☐
c) Se $S=\varnothing$ la disequazione è indeterminata.	☐	☐
d) $x+5>0$ ha come soluzioni tutti i numeri razionali maggiori di -5.	☐	☐

14. * Rappresenta graficamente su una retta orientata l'insieme *S*, soluzione delle seguenti disequazioni.

a) $x>-3$; *b*) $x<5$; *c*) $2x\geqslant 4$; *d*) $x^2+1>0$.

15. * Collega ogni disequazione con la corrispondente rappresentazione grafica di *S*.

$x\leqslant -2$ 

$x\geqslant 0$ 

$x<3$ 

$x>1$ 

16. * Completa in ogni caso la disequazione il cui insieme soluzione *S* ha la rappresentazione grafica data.

a) 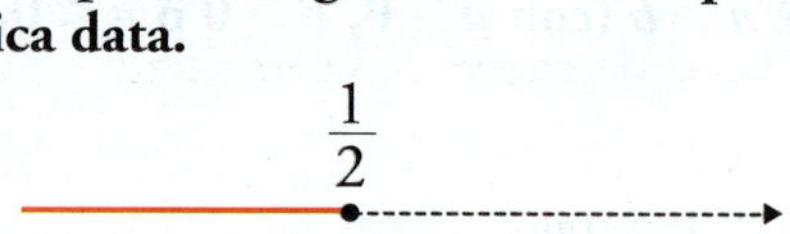

x .... $\frac{1}{2}$;

b) 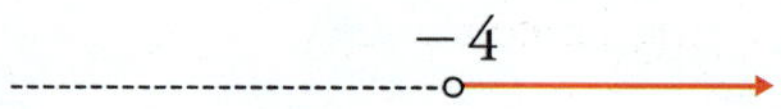

x .... -4;

c) 
x^2+2 .... 0.

Rappresenta graficamente i seguenti intervalli limitati (osserva l'esempio).

Esempio

[3; 8] 

17. * [−1; 4]; [−2; 3[;]1; 7];]−3; −1[. **18. ***]2; 7[;]−5; 6[; [3; 9]; [2; 4[.

Rappresenta graficamente i seguenti intervalli illimitati.

19. ∗ $[3; +\infty[$; $\quad]-4; +\infty[$; $\quad \left]-\infty; \frac{1}{2}\right]$; $\quad]-\infty; 6[$.

20. ∗ $]-\infty; +\infty[$; $\quad]-\infty; 0]$; $\quad]-\infty; 0[$; $\quad [4; +\infty[$.

21. ∗ **Collega ogni intervallo con la corrispondente rappresentazione grafica.**

$\left]+\frac{1}{5}; +\infty\right[$ $\qquad$ $\qquad$ $]-\infty; +\infty[$ $\qquad$ 

$]-\infty; -3]$ $\qquad$ 

$\qquad$ $]-2; 5]$ $\qquad$ 

22. ∗∗ **Scrivi gli intervalli corrispondenti a ciascuna rappresentazione grafica.**

..................;

..................;

..................;

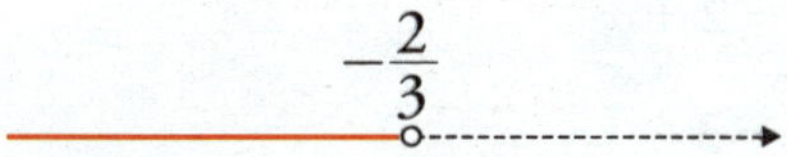

....

23. ∗ **Completa.**

Le disequazioni si possono classificare in:

a) disequazioni .... in cui l'incognita compare soltanto al numeratore delle frazioni presenti nella disequazione;

b) disequazioni .... in cui l'incognita compare in almeno un denominatore delle frazioni presenti nella disequazione;

c) disequazioni .... in cui non compaiono altre lettere oltre l'incognita;

d) disequazioni .... in cui, oltre l'incognita, compaiono altre lettere, dette parametri.

24. ∗ **Vero o Falso? Quando rispondi Falso, motiva la tua risposta.**

	V	F
a) Le disequazioni intere hanno l'incognita solamente al numeratore delle frazioni presenti nella disequazione.	☐	☐
b) $3(2x+1)-4 \leqslant -x+5$ è una disequazione intera letterale.	☐	☐
c) Nelle disequazioni numeriche come lettera compare solo l'incognita.	☐	☐
d) $\frac{b-3}{4x} + \frac{2b+1}{x+1} > -\frac{2+3b}{x}$ è una disequazione frazionaria.	☐	☐

25. ∗ **Classifica le seguenti disequazioni.**

a) $2x - 3 + \frac{3}{5}x \geqslant 2(2x-3)$; $\qquad$ *b*) $\frac{h+3}{x} - h > \frac{(h-2)^3}{4x}$;

c) $2(a+x) - 3 \leqslant a + 4x + ax$; $\qquad$ *d*) $\frac{5(2-3x)}{x-1} > \frac{4+x}{x^2-x}$.

26. * **Completa la seguente tabella (procedi come nell'esempio).**

	Disequazioni	Intere		Frazionarie	
		Numeriche	Letterali	Numeriche	Letterali
Esempio	$2(x+3) \geqslant 5x-4$	X			
	$(b-2)x+3>-bx+1$				
	$4x-1 \leqslant -3x+5$				
	$\frac{4}{x}-\frac{1}{3} \leqslant \frac{8+x}{3x}$				
	$(h+1)x-3h>h-2x$				

Disequazioni equivalenti

27. * **Vero o Falso? Quando rispondi Falso, motiva la tua risposta.**

		V	F
a)	Due disequazioni sono equivalenti se hanno lo stesso insieme soluzione.	□	□
b)	Le proprietà delle disuguaglianze numeriche non sono valide per le disequazioni.	□	□
c)	Le disequazioni $3x+1>4$ e $2x>2$ sono equivalenti perché l'insieme soluzione di entrambe è $x>1$.	□	□
d)	I principi di equivalenza delle disequazioni derivano dalle proprietà delle disuguaglianze numeriche.	□	□

28. ** **Collega ogni disequazione scritta a sinistra con quella equivalente, scritta a destra.**

$4x+1<2x-3$	$2x+x>-2+x$
$\frac{1}{2}x+2 \geqslant 4x-1$	$2x+1<-3$
$x+2<4x+5$	$-7x \geqslant -6$
$\frac{3}{4}-x \leqslant 2x+\frac{1}{2}$	$12x-1 \geqslant 0$

29. * **Completa.**

a) Il primo principio di equivalenza afferma che: se ai due membri di una disequazione si addiziona uno stesso .... si ottiene una .... equivalente a quella data.

b) Si può addizionare anche una stessa .... algebrica che non deve restringere le .... di esistenza della disequazione.

30. * **Trasforma ciascuna delle seguenti disequazioni in un'altra equivalente applicando il primo principio di equivalenza.**

a) $2x-5>x+7$; *b*) $\frac{1}{2}x+3 \leqslant 2x-5$; *c*) $\frac{3}{4}x+\frac{1}{2}x \geqslant -2+\frac{1}{4}x$.

31. * **Completa.**

a) Il secondo principio di equivalenza afferma che: se si moltiplicano per uno stesso numero .... i due membri di una disequazione si ottiene una disequazione .... a quella data.

b) Se si moltiplicano per uno stesso numero .... si ottiene una .... con il verso .... a quella data.

Per ciascuna delle seguenti disequazioni esegui le operazioni indicate e scrivi le nuove disequazioni ottenute.

32. * $8x+4>2x-3$ → addiziona -2 a entrambi i membri;
→ sottrai 4 a entrambi i membri.

33. * $-2x+1 \leqslant 4x-2$ → moltiplica per -3 entrambi i membri;
→ dividi per 4 entrambi i membri.

34. ** **Verifica, mediante tre esempi numerici, che:**
data la disequazione $ax > b$ si ha che $amx > bm$ se $m > 0$;
si ha che $amx < bm$ se $m < 0$.

In ciascuno dei seguenti esercizi riduci a forma normale la disequazione data.

35. * $2x - 3 + 8x + 9 \geqslant 4x + 5 - 9x$ [$15x + 1 \geqslant 0$]

36. ** $3(4x - 5) - 2(3x + 4) < 4(6x + 5)$ [$18x + 43 > 0$]

37. *** $\dfrac{2x+1}{3} - \dfrac{3x-4}{2} > \dfrac{x+1}{6} - \dfrac{1}{3}$ [$6x - 15 < 0$]

Trasforma ciascuna delle seguenti disequazioni in un'altra equivalente applicando il secondo principio di equivalenza.

38. ** $3x + 1 < x - 2$ **39.** ** $\dfrac{1}{2}x - \dfrac{2}{3} \geqslant \dfrac{3}{5}x + \dfrac{2}{5}$ **40.** ** $x - 3 \leqslant -x + \dfrac{1}{2}$

Individua, per ciascuna delle seguenti disequazioni, quale principio di equivalenza è stato applicato per passare dalla disequazione scritta a sinistra a quella scritta a destra.

41. ** $8x - 3 > 5x \Rightarrow 8x > 5x + 3$ ....

42. ** $\dfrac{1}{2}x + 1 \leqslant 3x - 5 \Rightarrow -x - 2 \geqslant -6x + 10$ ....

43. ** $2(x - 3) > 1 - x \Rightarrow 2x > 7 - x$ ....

44. ** $\dfrac{2}{3}(3x + 6) - 1 < x \Rightarrow -2x > 6$ ....

45. * **Vero o Falso? Quando rispondi Falso, motiva la tua risposta.**

		V	F
a)	Se si cambia il segno di tutti i termini di una disequazione, si ottiene una disequazione equivalente a quella data.	☐	☐
b)	Se $-7x > 21 \Rightarrow 7x < -21$.	☐	☐
c)	Una disequazione viene ridotta nella forma $P(x) \geqslant 0$ cioè a forma normale applicando i principi di equivalenza.	☐	☐
d)	Quando la disequazione è ridotta a forma normale, il grado del polinomio $P(x)$ è il grado della disequazione.	☐	☐
e)	Se $2x < \dfrac{1}{2} \Rightarrow x < 1$.	☐	☐
f)	Si chiamano disequazioni lineari le disequazioni razionali in una incognita.	☐	☐

Dopo aver ridotto a forma normale le seguenti disequazioni determinane il grado.

46. * $x^2 - 1 + (2x + 1)^2 \geqslant x + 2$ **47.** * $(x + 1)(x - 1) - 2x^3 + x^2 < -x + 4$

48. * $2 - (x + 1)^3 > 3x^2 - x^3$ **49.** * $(x^2 - 2)(x^2 + 2) - x(x^3 + 1) + 2x \leqslant 2(x + 2)$

50. * **Completa la seguente tabella (procedi come nell'esempio).**

	Disequazione	Disequazione ridotta a forma normale	Grado
Esempio	$2x - 3 > x + 1$	$x - 4 > 0$	1°
	$3x + 7 \leqslant 2x - 4$		
	$2(x - 1) > 3(2x + 4)$		
	$(x + 2)^2 - 5x > 1$		
	$(2x - 1)(2x + 1) - 5 < 0$		
	$(x + 1)^2 - 2x^3 + 5x > 6(x + 2)$		

Risoluzione delle disequazioni lineari numeriche intere

51. * **Vero o Falso? Quando rispondi Falso, motiva la tua risposta.**

		V	F
a)	Per risolvere una disequazione numerica intera devi ridurla alla forma $ax > b$ o $ax < b$.	□	□
b)	Quando la disequazione è ridotta nella forma $ax > b$ se $a > 0$, dividendo entrambi i membri per il numero positivo a si ottiene $x < \frac{b}{a}$.	□	□
c)	Se $a = 0$ la disequazione ridotta nella forma $ax < b$ è sempre vera se $b \leqslant 0$.	□	□
d)	Se $a = 0$ la disequazione ridotta nella forma $ax > b$ è impossibile $b \geqslant 0$.	□	□

52. * **Individua, in ogni caso, il completamento corretto.**

Data la disequazione $8(x-3) + 6 > 4(3x+2)$

a) la soluzione si può rappresentare con l'intervallo:

□ $\left]-\infty; -\frac{13}{2}\right[$; □ $\left]-\infty; \frac{13}{2}\right[$; □ $\left]-\frac{13}{2}; +\infty\right[$;

b) la rappresentazione grafica è:

□ 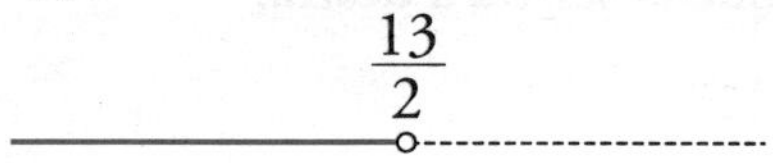

;

□ 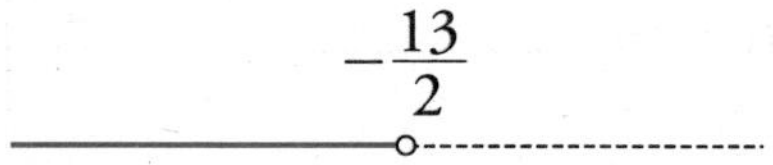

;

□ 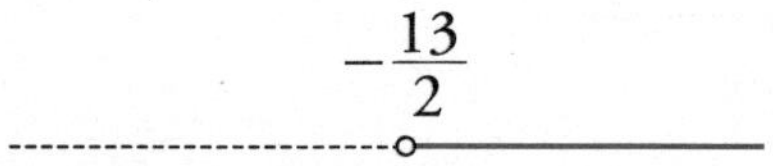

.

Esercizi svolti

53. Risolvi la disequazione

$-(2x+3) - 8x > -2(x+1) + 15$

Riduci la disequazione nella forma $ax > b$

$-\cancel{2x} - 3 - 8x > -\cancel{2x} - 2 + 15$

$-8x > 16.$

Dividi ora entrambi i membri per -8; poiché $-8 < 0$ devi invertire il verso della disuguaglianza e ottieni:

$\frac{-8x}{-8} < \frac{16}{-8} \Rightarrow x < -2$

Quindi la disequazione è verificata per ogni valore di x minore di -2; la soluzione si può rappresentare con l'intervallo $]-\infty; -2[$ o graficamente con la semiretta a sinistra di -2, escluso il punto -2.

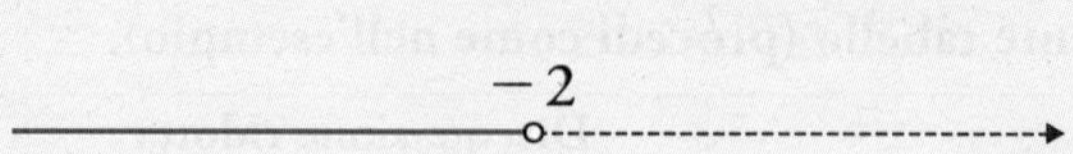

54. Risolvi la disequazione

$-\frac{3}{2} + \frac{x-1}{3} + 2 - \frac{2+x}{12} > \frac{x-3}{4} + \frac{1}{2}$

Riduci la disequazione nella forma $ax > b$ moltiplicando entrambi i membri per 12:

$-18 + 4x - 4 + 24 - 2 - x > 3x - 9 + 6$

$4x - x - 3x > 18 + 4 - 24 + 2 - 9 + 6$

$0x > -3$

Poiché $a = 0$ e $b < 0$ la disuguaglianza è verificata per qualsiasi valore di x; la soluzione si può rappresentare con l'intervallo $]-\infty; +\infty[$ e corrisponde, graficamente, alla retta.

Risolvi le seguenti disequazioni seguendo il procedimento degli esercizi svolti.

55. * $2x + 4 > x - 2$ $[x > -6]$

56. * $3x + 3 < 2x + 1$ $[x < -2]$

57. * $x - 4 > -2x + 5$ $[x > 3]$

58. * $-2x \leqslant 3x + 10$ $[x \geqslant -2]$

59. * $4x + 5 > 8x + 6$ $\left[x < -\frac{1}{4}\right]$

60. * $7x + 12 \leqslant 32 - 3x$ $[x \leqslant 2]$

61. * $2(x + 3) \geqslant 3(2x - 9)$ $\left[x \leqslant \frac{33}{4}\right]$

62. * $5(x + 2) \geqslant -15(x + 3)$ $\left[x \geqslant -\frac{11}{4}\right]$

63. * $4(x - 1) < 5(2x + 4)$ $[x > -4]$

64. * $-16(x + 2) + 8 < 5(2 - 4x) + 2$ $[x < 9]$

65. * $3(2x - 1) - 4 > 4(x + 3) - 2$ $\left[x > \frac{17}{2}\right]$

66. * $4(x + 3) + 5 \geqslant 3(2x - 5) - (x + 4)$ $[x \leqslant 36]$

67. * $5(3x - 4) - 4(2x + 3) > 2(x + 4) + 5(2x - 8)$ $[x < 0]$

68. * $4(x - 1) + 10x - 7(x + 2) \leqslant 15x - (x - 3)$ $[x \geqslant -3]$

69. * $21x + 6(x - 3) + 18 > 17 + 8(2x - 1)$ $\left[x > \frac{9}{11}\right]$

70. * $3 - 2(x + 2) - 5(x + 1) \leqslant 2(x + 2)$ $\left[x \geqslant -\frac{10}{9}\right]$

71. * $3x - 2 + 5x + \frac{1}{2}x < 4x + 1 + 2$ $\left[x < \frac{10}{9}\right]$

72. * $\frac{5}{6} + \frac{1}{2}x - 4 + \frac{2}{3} \geqslant 3x - 6 + \frac{x + 1}{2}$ $[x \leqslant 1]$

73. * $\frac{2}{5}x - \frac{1}{3} + x - \frac{3}{2} < \frac{1}{2} + 2x + \frac{1}{3}$ $\left[x > -\frac{40}{9}\right]$

74. * $-\frac{5}{2}x + \frac{x - 1}{8} + \frac{3}{4}x + 1 < \frac{2x - 5}{4} + 1 + \frac{1}{8}x$ $\left[x > \frac{1}{2}\right]$

75. * $\frac{x+1}{15} - \frac{1}{3} + \frac{3}{5}x \geqslant \frac{7+x}{3} - x + \frac{1}{15}$ $[x \geqslant 2]$

76. * $\frac{3}{4}x + 2(x-4) - \frac{1}{4}(x+1) > -\frac{1}{4} + \frac{x}{2}$ $[x > 4]$

77. * $\frac{5}{3}x + 2 + x\left(x - \frac{2}{3}\right) \leqslant x(x+1) - 4x$ $\left[x \leqslant -\frac{1}{2}\right]$

78. * $\frac{2}{3}(x-1) - \frac{3}{4}(2x+3) + 6 > 0$ $\left[x < \frac{37}{10}\right]$

79. * $\frac{1}{2}(3x+5) + \frac{4}{5}(2x-3) \leqslant \frac{4}{5}(x+3)$ $[x \leqslant 1]$

80. * $\frac{2}{5}(2x+3) - \frac{1}{4}(3x-5) > \frac{3}{20}(7x-9)$ $\left[x < \frac{19}{5}\right]$

81. * $(x-1)(x+1) - x(x+3) > x + 2 - 5(x-1)$ $[x > 8]$

82. * $2[x(x-1) + 4x] < 7(x+5) + 2x(x-3)$ $[x < 7]$

83. * $9x - 2(6+x) - (x-1) > 3[4(x+1) + 7] - 2x$ $[x < -11]$

84. * $(x+3)(x-2) + 4x - x(x-1) \leqslant x[2(x+1) - 2x] + 6$ $[x \leqslant 3]$

85. ** $(4-2x)^2 + (4+2x)(4-2x) > 8(2x-4)$ $[x < 2]$

86. ** $(10+x)^2 + 3(x-5)^2 \leqslant 4(x+3)^2 + 37$ $[x \geqslant 3]$

87. ** $(3x-5)^2 + x[x(-x+1)] + 2x \geqslant 3x(3x-10) - x(x^2 - x) + 15$ $[x \geqslant -5]$

88. ** $(7-4x)(7+4x) + x[(x+1)^2 - 2x] > 4x(5-4x) + (x)^3 - 8$ $[x < 3]$

89. ** $2\left[(x+2)^2 + \frac{1}{2}x\right] < 8x + 2(x-4)(x+4)$ $[x < -40]$

90. ** $\frac{1}{3}(x+3)^2 - \frac{1}{2}(4+2x) \leqslant 3x\left(\frac{1}{9}x - 2\right) + 5[(x-2)(x+2) - x^2]$ $[x \leqslant -3]$

91. ** $\left(2x + \frac{2}{3}\right)\left(x - \frac{1}{4}\right) + \frac{3x+2}{6} > \left(x - \frac{1}{4}\right)\left(2x + \frac{3}{2}\right)$ $\left[x < \frac{13}{8}\right]$

92. ** $\frac{(x+2)^2}{3} - \frac{2x-3}{2} + \frac{4x-1}{3} < \frac{(2x+1)(x-3)}{6}$ $\left[x < -\frac{6}{5}\right]$

93. * $\frac{(2x+3)^2}{2} + \frac{(x+1)(x-3)}{5} + \frac{x-4}{2} \geqslant \frac{(2x+3)(11x-4)}{10}$ $\left[x \geqslant -\frac{31}{36}\right]$

94. ** $\left(x + \frac{3}{4}\right)\left(2x - \frac{1}{2}\right) - x^2 > \left(x + \frac{1}{2}\right)^2$ [impossibile]

95. ** $\frac{(4x-3)(4x+3)}{3}-\frac{(4x+1)^2}{2}\geqslant-\frac{8}{3}x^2+\frac{x+2}{2}$ $[x\leqslant-1]$

96. ** $\frac{(3x-8)(2x+1)}{3}-\frac{(2x-3)(x+2)}{2}<\frac{(2x-3)^2}{4}+\frac{1}{12}$ $\left[x>-\frac{12}{11}\right]$

97. ** $\frac{(x-2)(3x+4)}{2}-\frac{(2x+3)(3x-5)}{3}\geqslant\frac{(x+5)(2-3x)}{6}$ $\left[x\geqslant\frac{4}{9}\right]$

98. ** $\frac{(3+2x)(x-2)}{5}-\frac{x+4}{3}<\frac{(2x-4)(x+1)}{5}$ $[x>-13]$

99. ** $\frac{(5x+3)(2x-1)}{4}+\frac{(3x+4)^2}{8}-\frac{13}{2}\leqslant\frac{(3x-5)(2x-3)}{2}+\frac{5}{8}x^2$ $[x\leqslant1]$

100. ** $\frac{(5+2x)(5-2x)}{6}-\frac{1}{2}(2x-5)^2+\frac{2}{3}(x-4)>\frac{(3-4x)(3+4x)-11}{6}$ $[x>1]$

101. ** $\frac{(8x+2)(3x-4)}{6}-\frac{(2x-5)(x+7)}{3}\leqslant\frac{(x-2)(5x-4)}{2}+\frac{5}{6}x^2$ $[x\geqslant19]$

102. ** $\frac{2}{3}x^2+\frac{4(x+3)}{3}-\frac{5(2x-7)}{6}+\frac{8(4x+1)}{9}>\frac{(2x+1)(3x-2)}{9}-\frac{1}{6}$ $\left[x>-\frac{10}{3}\right]$

103. ** $\frac{(2x+4)(3x-2)}{3}-\frac{2(5x-7)}{5}\leqslant\frac{(4x+3)(x-1)}{2}$ $\left[x\leqslant-\frac{7}{5}\right]$

104. ** $\frac{(3x-1)^2}{4}-\frac{(2x+3)(3x-1)}{3}>\frac{(x+2)(2x-5)}{6}-\frac{1}{12}x^2$ $\left[x<\frac{35}{44}\right]$

105. *** $\left(\frac{2x+3}{4}\right)^2-\frac{5}{8}(x+3)-\frac{1}{16}(3x-2)+\frac{9}{16}\leqslant\left(\frac{1}{4}x+5\right)^2+\frac{3}{16}x^2$ $[x\geqslant-10]$

106. *** $\frac{3(2x-1)(2x+1)}{2}+\frac{2(3x-4)}{3}\leqslant\frac{(2x+1)(15x-2)}{5}+\frac{1}{30}$ $[x\geqslant-19]$

107. *** $\frac{2(2x+3)^2}{3}-\frac{4(x-1)^2}{6}>\frac{4(x+1)(x-1)}{2}$ $\left[x>-\frac{11}{14}\right]$

108. *** $\frac{(2x+1)^3}{2}-\frac{(3x-4)(2x+1)}{5}\leqslant\frac{(2x+3)^3}{2}+\frac{(5-3x)(2x-3)}{5}-12x^2$ $\left[x\geqslant-\frac{23}{67}\right]$

109.

Esercizio svolto

In alcune situazioni, anche se le disequazioni non sono di primo grado, è possibile determinarne l'insieme soluzione con alcune semplici osservazioni.
Ad esempio **se devi risolvere la disequazione** $x^2+16<0$ puoi subito determinare l'insieme S delle soluzioni osservando che x^2 è un numero positivo al quale viene addizionato 16: tale somma non potrà mai essere negativa, perciò $S=\varnothing$.

Applicando l'osservazione dell'esercizio svolto, determina l'insieme S nelle seguenti disequazioni.

110. ** $x^2 + 1 > 0$ $[S = \mathbb{Q}]$

111. ** $2x^2 + 5 < 0$ $[S = \emptyset]$

112. ** $x^6 + x^4 > -4$ $[S = \mathbb{Q}]$

113. ** $x^2 + 6x + 9 > 0$ $[S = \mathbb{Q} - \{-3\}]$
(Osserva che $P(x)$ è lo sviluppo del quadrato del binomio ...)

114. *** $x^2 - x + \frac{1}{4} > 0$ $\left[S = \mathbb{Q} - \left\{\frac{1}{2}\right\}\right]$

115. *** $x^2 + x + \frac{1}{4} < 0$ $[S = \emptyset]$

Disequazioni letterali intere

116.

Esercizio svolto

Risolvi la disequazione letterale

$2bx + (3 + b)x - 2b(x + 1) > 2b(x - 1) - 1$

Riduci la disequazione nella forma $ax > b$; ottieni:

$\cancel{2bx} + 3x + bx - 2bx - \cancel{2b} > \cancel{2bx} - \cancel{2b} - 1$

$3x + bx - 2bx + 1 > 0$

$3x - bx > -1$

$(3 - b)x > -1$

Moltiplica entrambi i membri per -1 e inverti il verso della disuguaglianza; ottieni:

$(b - 3)x < 1$

Il coefficiente della x è $(b - 3)$; distingui i vari casi:

a) se $(b - 3) > 0$, cioè se $b > 3$ si ha $x < \frac{1}{b - 3}$;

b) se $(b - 3) < 0$, cioè se $b < 3$ si ha $x > \frac{1}{b - 3}$;

c) se $(b - 3) = 0$, cioè se $b = 3$ la disequazione diventa $0x < 1$: questa disuguaglianza è verificata per qualsiasi valore di x.

Risolvi le seguenti disequazioni letterali intere, procedendo, se necessario, alla discussione.

117. * $3x + k(2 + x) > k(2 + x) - 3k$ $[x > -k]$

118. * $a(3 - x) + 2a < x(1 - a) + 2x - 4a$ $[x > 3a]$

119. * $4x - b(2 - x) < b(x + 3) + 7b$ $[x < 3b]$

120. * $kx + 3 > \frac{3 + kx}{5}$ con $k > 0$. $\left[x > -\frac{3}{k}\right]$

121. * $6(bx - 1) < \frac{15 + 3bx}{2}$ con $b < 0$. $\left[x > \frac{3}{b}\right]$

122. * $x(k + 3) - (3 - k)(3 + k) < 0$ con $k > -3$. $[x < 3 - k]$

123. * $4(bx - 3) > \frac{2bx - 1}{3}$ con $b > 0$. $\left[x > \frac{7}{2b}\right]$

124. ** $k(2x + 3) < 2x + 3$ $\left[\text{se } k > 1: x < -\frac{3}{2}; \text{ se } k < 1: x > -\frac{3}{2}; \text{ se } k = 1: \text{impossibile}\right]$

125. ** $k(2x-3) \geqslant 2-6kx$ $\left[\text{se } k>0: x \geqslant \dfrac{2+3k}{8k}; \text{ se } k<0: x \leqslant \dfrac{2+3k}{8k}; \text{ se } k=0: \text{impossibile}\right]$

126. ** $2x+3ax < ax+a+1$ $\left[\text{se } a>-1: x<\dfrac{1}{2}; \text{ se } a<-1: x>\dfrac{1}{2}; \text{ se } a=-1: \text{impossibile}\right]$

127. ** $x+\dfrac{1}{2}bx>-bx+\dfrac{3}{2}b+1$ $\left[\text{se } b>-\dfrac{2}{3}: x>1; \text{ se } b<-\dfrac{2}{3}: x<1; \text{ se } b=-\dfrac{2}{3}: \text{impossibile}\right]$

128. ** $(k+2)x \leqslant k^2-4$ [se $k>-2$: $x \leqslant k-2$; se $k<-2$: $x \geqslant k-2$; se $k=-2$: qualsiasi valore di x]

129. *** $2b(3x+4)+6 \geqslant 4(2b-x)$

$$\left[\text{se } b>-\frac{2}{3}: x \geqslant \frac{-3}{3b+2}; \text{ se } b<-\frac{2}{3}: x \leqslant \frac{-3}{3b+2}; \text{ se } b=-\frac{2}{3} \text{ qualsiasi valore di } x\right]$$

130. *** $\dfrac{3x+a}{2}>a(2+x)-\dfrac{1}{2}(x-3a)$ $\left[\text{se } a<2: x>\dfrac{3a}{2-a}; \text{ se } a>2: x<\dfrac{3a}{2-a}; \text{ se } a=2: \text{impossibile}\right]$

131.

Esercizio svolto

Se devi risolvere una disequazione letterale intera che contiene il parametro al denominatore, è necessario procedere con alcune osservazioni.

Data ad esempio la disequazione $\dfrac{(h-2)x+2h}{h}>0$,

innanzitutto devi porre $h \neq 0$ perché se $h=0$ la disequazione data perde significato.

Distingui così due casi: *a*) $h<0$; *b*) $h>0$.

a) Nel primo caso, con $h<0$, il denominatore è negativo; quindi, moltiplicando entrambi i membri per un numero negativo, devi cambiare il verso della disuguaglianza e ottieni:
$(h-2)x+2h<0$.
Risolvendo ottieni $(h-2)x<-2h$; poiché il coefficiente della x, essendo $h<0$, è senz'altro negativo, si ha:

$$x>\frac{-2h}{h-2}.$$

b) Se $h>0$, il denominatore della disequazione data è maggiore di zero; non occorre quindi cambiare il verso della disuguaglianza; ottieni:
$(h-2)x+2h>0$ da cui: $(h-2)x>-2h$.
Il coefficiente della x è maggiore di 0 se $h>2$, perciò avrai:

segno del denominatore $[h>0]$

segno del coefficiente della x $[h>2]$

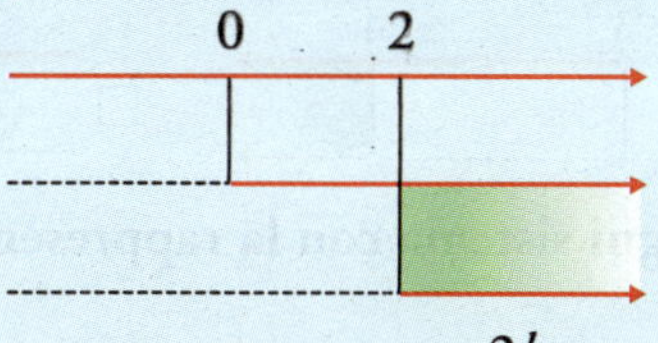

– se $h>2$ il coefficiente della x è positivo, quindi $x>\dfrac{-2h}{h-2}$;

– se $0<h<2$ il coefficiente della x è negativo, quindi $x<\dfrac{-2h}{h-2}$;

– se $h=2$ la disequazione è verificata per qualsiasi valore di x.

Seguendo le indicazioni dell'esercizio svolto, risolvi le seguenti disequazioni.

132. ** $\dfrac{2x+h}{h-2}<0$ $\left[\text{se } h>2: x<-\dfrac{h}{2}; \text{ se } h<2: x>-\dfrac{h}{2}; \text{ se } h=2: \text{la disequazione perde significato}\right]$

133. ** $\dfrac{3x-b}{b+3}<0$ $\left[\text{se } b>-3: x<\dfrac{b}{3}; \text{ se } b<-3: x>\dfrac{b}{3}; \text{ se } b=-3: \text{la disequazione perde significato}\right]$

134. *** $\dfrac{3x}{k}-\dfrac{4x-3}{3k}\geqslant-\dfrac{4x-5}{2k}$

$\left[\text{se } k>0: x\geqslant\dfrac{9}{22}; \text{ se } k<0: x\leqslant\dfrac{9}{22}; \text{ se } k=0: \text{la disequazione perde significato}\right]$

135. *** $\dfrac{5x-3k}{2k}+\dfrac{2}{3k}\leqslant 0$ $\left[\text{se } k=0: \text{la disequazione perde significato; se } k>0: x\leqslant\dfrac{9k-4}{15};\right.$

$\left.\text{se } k<0: x\geqslant\dfrac{9k-4}{15}\right]$

136. *** $\dfrac{2x(k+3)-4k}{k+1}>0$ $\left[\text{se } k=-1: \text{la disequazione perde significato;}\right.$

$\left.\text{se } k>-1 \text{ o } k<-3: x>\dfrac{2k}{k+3}; \text{ se } -3<k<-1: x<\dfrac{2k}{k+3}; \text{ se } k=-3: \text{impossibile}\right]$

137. ** **Data l'equazione $3x+a-5=ax$ determina per quali valori di a la sua soluzione è minore di 4.**

$\left[a<\dfrac{7}{3}\right]$

Sistemi di disequazioni lineari

Indica, in ogni caso, il completamento corretto.

138. * **La rappresentazione grafica dell'insieme soluzione del sistema** $\begin{cases} 2x+3>x-4 \\ x<0 \end{cases}$ **è:**

□ 

□ 

□ 

139. * **La rappresentazione grafica dell'insieme soluzione del sistema** $\begin{cases} 3x-2>0 \\ 4x-3>0 \end{cases}$ **è:**

□ 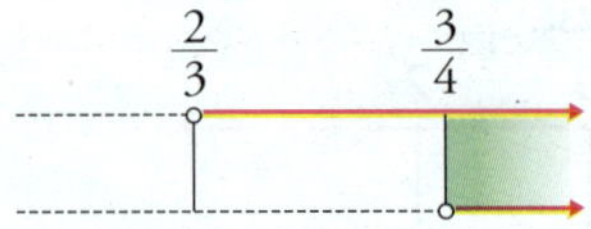

□ 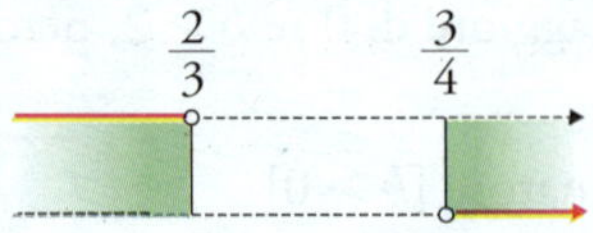

□ 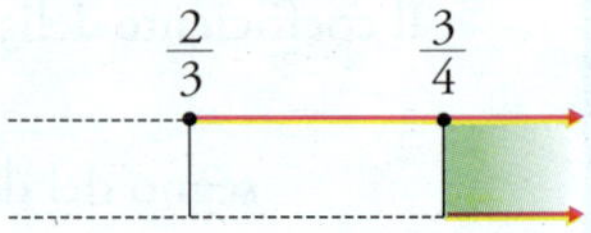

140. * **Collega ogni sistema con la rappresentazione grafica del suo insieme soluzione.**

$\begin{cases} 2x+5\geqslant 3x-4 \\ 4(x-1)<2x+3 \end{cases}$

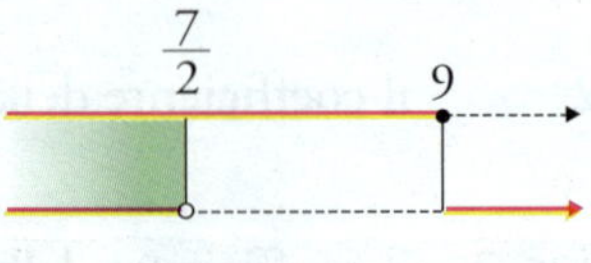

$\begin{cases} x+\dfrac{1}{2}\leqslant 3(x-2) \\ 5x+1>3 \end{cases}$

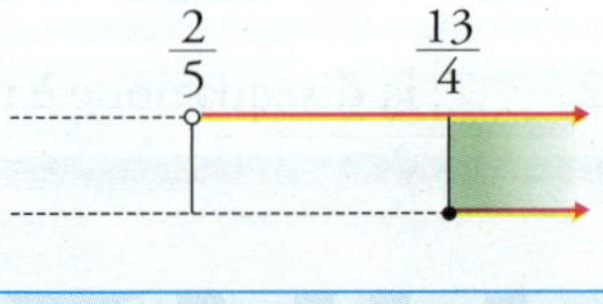

Esercizi svolti

141. Risolvi il sistema di disequazioni $\begin{cases} \dfrac{9}{4}x-7\leqslant 2 \\ 7-\dfrac{1}{2}x>6 \end{cases}$

Risolvi ciascuna disequazione; ottieni:

$$\begin{cases} 9x-28\leqslant 8 \\ 14-x>12 \end{cases} \Rightarrow \begin{cases} 9x\leqslant 8+28 \\ -x>12-14 \end{cases} \Rightarrow \begin{cases} 9x\leqslant 36 \\ -x>-2 \end{cases} \Rightarrow \begin{cases} x\leqslant 4 \\ x<2 \end{cases}$$

Rappresenta graficamente le soluzioni delle due disequazioni e individua le soluzioni comuni:

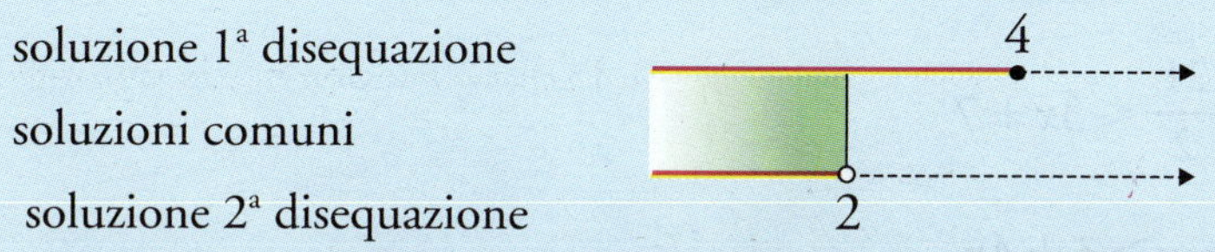

Osserva che i valori che soddisfano entrambe le disequazioni sono quelli minori di 2, cioè le soluzioni comuni appartengono all'intervallo $]-\infty; 2[$, quindi le soluzioni del sistema sono $x<2$.

142. Risolvi il sistema di disequazioni $\begin{cases} 5x-2\geqslant 4 \\ \dfrac{3}{2}x+\dfrac{1}{4}<-5 \end{cases}$

Risolvi ciascuna disequazione; ottieni:

$$\begin{cases} 5x\geqslant 2+4 \\ 6x+1<-20 \end{cases} \Rightarrow \begin{cases} 5x\geqslant 6 \\ 6x<-21 \end{cases} \Rightarrow \begin{cases} x\geqslant \dfrac{6}{5} \\ x<-\dfrac{\cancel{21}^{\,7}}{\cancel{6}_{\,2}} \end{cases} \Rightarrow \begin{cases} x\geqslant \dfrac{6}{5} \\ x<-\dfrac{7}{2} \end{cases}$$

Rappresenta graficamente le soluzioni delle due disequazioni e individua le soluzioni comuni:

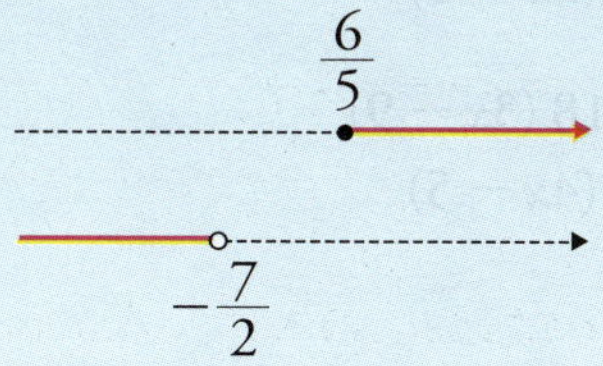

Osserva che non esistono valori di x che soddisfano entrambe le disequazioni, cioè non esistono soluzioni comuni; pertanto, poiché $S=\varnothing$, il sistema dato è impossibile.

Risolvi i seguenti sistemi di disequazioni lineari seguendo il procedimento degli esercizi svolti.

143. * $\begin{cases} x-2<3 \\ x+1\geqslant 4 \end{cases}$ $[3\leqslant x<5]$

144. * $\begin{cases} x+4>7 \\ 2x-3\leqslant 9 \end{cases}$ $[3<x\leqslant 6]$

145. * $\begin{cases} x-6\leqslant 0 \\ x+3>2-x \end{cases}$ $\left[-\dfrac{1}{2}<x\leqslant 6\right]$

146. * $\begin{cases} 30>5x \\ 8x>24+6x \end{cases}$ [impossibile]

147. * $\begin{cases} x+2>2x-4 \\ 5x-1<3x+7 \end{cases}$ $[x<4]$

148. * $\begin{cases} 2x-1<3x+4 \\ 4x+3>x-2 \end{cases}$ $\left[x>-\dfrac{5}{3}\right]$

149. * $\begin{cases} \frac{3}{4}x - 7 < 2 \\ x + \frac{1}{2} > 0 \end{cases}$ $\left[-\frac{1}{2} < x < 12\right]$

150. * $\begin{cases} 8x + \frac{3}{5} \geqslant 5 \\ 5x + 2 < 7 \end{cases}$ $\left[\frac{11}{20} \leqslant x < 1\right]$

151. * $\begin{cases} 4 + 9x < \frac{3}{4} + x \\ 3x + 5 \geqslant -7 \end{cases}$ $\left[-4 \leqslant x < -\frac{13}{32}\right]$

152. * $\begin{cases} 12x - \frac{21}{2} \leqslant 3x + 7 \\ 8 + \frac{2}{3}x > 3 + 4x \end{cases}$ $\left[x < \frac{3}{2}\right]$

153. * $\begin{cases} 3x + 4 - 2(x + 3) \geqslant 0 \\ x - 1 < 5 \end{cases}$ $[-2 \leqslant x < 6]$

154. * $\begin{cases} x + 2 + 4(2x - 5) > -x \\ 2x - 3 \geqslant x + 7 \end{cases}$ $[x \geqslant 10]$

155. * $\begin{cases} 4x - 3 < 2x + 5 \\ 8(2x + 1) > 3(5x - 2) \end{cases}$ $[-14 < x < 4]$

156. * $\begin{cases} 3(x + 3) - 4(2x - 1) > 0 \\ 8(2x - 1) + 5(x + 5) < 2(x - 3) \end{cases}$ $\left[x < -\frac{23}{19}\right]$

157. * $\begin{cases} 3(x - 4) - 2(3x + 5) \leqslant 4(x - 1) \\ 2(2x - 3) + 3(4x + 1) > 8(2x + 1) \end{cases}$ [impossibile]

158. * $\begin{cases} 35(x - 3) - 16(2x + 4) > 18(3x - 9) \\ 4(2x + 6) + 3(5x - 7) > 8(4x - 5) \end{cases}$ $\left[x < -\frac{7}{51}\right]$

159. * $\begin{cases} 4(3x - 1) > 3(4x + 2) \\ 5x < x - 1 + 2(x - 3) \end{cases}$ [impossibile]

160. * $\begin{cases} 7(x + 2) - 4(x - 3) - 1 \leqslant 2(3x - 1) \\ 5x + 4(x + 2) > 7x - 3(x - 4) \end{cases}$ $[x \geqslant 9]$

161. * $\begin{cases} 2x + 3(x - 1) - 5(x + 2) > 7 + 2x - 3 \\ 4x + 8(2x - 1) < -(x + 4) + 3 \end{cases}$ $\left[x < -\frac{17}{2}\right]$

162. * $\begin{cases} 5(x + 4) - 3(x + 2) > 4(3 - 2x) - 4 \\ 2x(x + 1) - 3x + 4 \leqslant x(2x - 2) \end{cases}$ [impossibile]

163. * $\begin{cases} 6(4x + 1) - 10 \leqslant 4x - x - 7 \\ 6(x - 2) - 3(x - 3) - 10(x + 1) > -12x + 3(x - 6) \end{cases}$ $\left[-\frac{5}{2} < x \leqslant -\frac{1}{7}\right]$

164. * $\begin{cases} 2\,[5x(4+x)-2x]+4\,(x-1)\leqslant 2x\,(5x-1)+3 \\ 7\,(x-3)+x\,(x-1)+\dfrac{3x}{2}>x^2+\dfrac{1}{2}\,x-(1-x) \end{cases}$ [impossibile]

165. ** $\begin{cases} \dfrac{5}{3}\,(2x-1)-\dfrac{4}{5}\,(3x+2)\geqslant\dfrac{2}{5}\,(4x+3)+\dfrac{3}{15} \\ \dfrac{4}{9}\,(4x+2)-\dfrac{2}{3}\,(2x-1)<\dfrac{1}{6}\,(x-2) \end{cases}$ $[x\leqslant -7]$

166. ** $\begin{cases} (2x+1)\,(2x-1)-(2x-3)^2\geqslant\dfrac{3}{2}\,(x+4) \\ (x-3)\,(2x+4)-(2x+5)^2+2x^2<0 \end{cases}$ $\left[x\geqslant\dfrac{32}{21}\right]$

167. ** $\begin{cases} 2\,(x-1)^2-3\,(2x+1)\,(2x-1)>2\,(4-5x^2) \\ 3\,(2x+3)\,(2x-3)-2\,(3x-1)^2<-6\,(x^2+1) \end{cases}$ $\left[x<-\dfrac{3}{4}\right]$

168. ** $\begin{cases} 7x-3\,(2x-5)+4\,(x+2)<4x\,(1-2x)+8\,(x+1)^2 \\ (x+2)\,(2x-3)-(x+2)\,(x-2)\geqslant x^2-2\,(x+1) \end{cases}$ $[x>1]$

169. ** $\begin{cases} (3x-1)^2-(3x+1)^2\leqslant 2\,(x+6) \\ 4\,(2x-3)+5x-(x+3)\,(x-3)>-(x+3)^2 \end{cases}$ $\left[x>-\dfrac{6}{19}\right]$

170. ** $\begin{cases} 4x-3\,(2x-1)+2\,(x+5)>-2 \\ (x+1)^2-(x+2)\,(x-3)\leqslant(2x-1)\,(2x+1)-4x\,(x+2) \end{cases}$ $\left[x\leqslant-\dfrac{8}{11}\right]$

171. ** $\begin{cases} 5+3x-2\,(x-4)+(x+2)^2-x\,(x+5)\geqslant-2\,(3x+1) \\ 7\,(2x-3)-2\,(4x-9)-3x\,(x+2)\leqslant 3\,(2-x^2) \end{cases}$ $\left[x\geqslant-\dfrac{19}{6}\right]$

172. ** $\begin{cases} x^2+2\,(x+3)-(x-2)^2\geqslant 0 \\ 3\,(x+2)\,(x-2)-2\,(x-1)^2-x^2<x+1 \end{cases}$ $\left[-\dfrac{1}{3}\leqslant x<5\right]$

173. ** $\begin{cases} 3\,(2x-1)-2\,(4x+3)+4\,(x+2)\leqslant 2\,(3x-7)+1 \\ 7\,(x+3)-4\,(x+2)^2-5x^2>-(3x+1)^2 \end{cases}$ [impossibile]

174. ** $\begin{cases} \dfrac{x+3}{2}-\dfrac{2x-1}{3}+1<\dfrac{2x-1}{3}+\dfrac{1}{6} \\ \dfrac{4x+3}{2}-\dfrac{2x-1}{4}-2\leqslant\dfrac{3x+4}{4}+\dfrac{1}{2} \end{cases}$ [impossibile]

175. ** $\begin{cases} \dfrac{x+3}{5}-\dfrac{2x-1}{3}>\dfrac{3x+1}{3}-\dfrac{x-3}{5} \\ (x+1)\,(x-1)-(x+2)^2\geqslant 2x-3 \end{cases}$ $\left[x\leqslant-\dfrac{1}{3}\right]$

176. * $\begin{cases} 7x-2<0 \\ 4-3x\geqslant 5x+9 \\ x>0 \end{cases}$ [impossibile]

177. * $\begin{cases} x+3\geqslant 0 \\ 2-x<4 \\ x+5>8 \end{cases}$ $[x>3]$

178. * $\begin{cases} 3x+1>4 \\ x-7<5 \\ x-2x\leqslant 4 \end{cases}$ $[1<x<12]$

179. * $\begin{cases} 3x-4\leqslant 2x+1 \\ x\leqslant -\dfrac{3}{2} \\ 7x>14x+1 \end{cases}$ $\left[x\leqslant -\dfrac{3}{2}\right]$

180. ** $\begin{cases} x+3<2x-4 \\ 2x-5>x+6 \\ x>0 \end{cases}$ $[x>11]$

181. ** $\begin{cases} 2x+4>3x-2 \\ 4x-1\leqslant 3x+5 \\ x-2\geqslant -x+4 \end{cases}$ $[3\leqslant x<6]$

182. ** $\begin{cases} 2x-3>-2(x+4) \\ x+1\leqslant 3(-x+5) \\ 4(x+2)\geqslant 3(2x-1) \end{cases}$ $\left[-\dfrac{5}{4}<x\leqslant \dfrac{7}{2}\right]$

183. *** $\begin{cases} 4+2x-3(x+5)>2(2x+7) \\ (x+1)(x-1)-3\leqslant (x+1)^2 \\ 3x+2(4x-9)>4 \end{cases}$ [impossibile]

184. *** $\begin{cases} 2(3x-4)+3(5x+4)-1\geqslant 0 \\ 4(2x+3)-3(x-1)<2(3x+5) \\ 4x-2(4x+1)\leqslant 0 \end{cases}$ $[x>5]$

185. *** $\begin{cases} \dfrac{3(2x+1)}{4}-\dfrac{4(x+2)}{5}>\dfrac{3(4x-2)}{10} \\ 2x-\dfrac{x+1}{3}+\dfrac{3x-4}{2}>0 \end{cases}$ [impossibile]

186. *** $\begin{cases} \dfrac{5(x-1)}{3}-\dfrac{3(x+2)}{4}\leqslant \dfrac{2x-5}{6} \\ 3x-2+(x-1)^2+4x>x^2+2(x-2) \end{cases}$ $[-1<x\leqslant 4]$

187. *** $\begin{cases} 4x^2(x+1)^2+3x-1-(2x)^2\geqslant 4(x^2-1)(x^2+1)+2x(2x)^2 \\ \dfrac{3}{4}x+\dfrac{x+1}{2}<\dfrac{7}{8}+2x \end{cases}$ $\left[x>-\dfrac{1}{2}\right]$

188. *** $\begin{cases} \left(x+\dfrac{1}{2}\right)\left(3x-\dfrac{2}{3}\right)-(x+1)(2x-3)>(x-2)^2 \\ \left(2x-\dfrac{1}{3}\right)(x+2)-\left(x+\dfrac{1}{5}\right)(2x-3)>0 \end{cases}$ $\left[x>\dfrac{8}{35}\right]$

189. *** $\begin{cases} (x+2)(2x-3)-2\left(x+\dfrac{1}{2}\right)\left(x-\dfrac{2}{3}\right) \geqslant \dfrac{2}{3}(x+1) \\ \dfrac{2x-5}{3}-\dfrac{(3x+4)(2x-2)}{4} \leqslant \dfrac{(3x+2)(1-6x)}{12} \end{cases}$ [impossibile]

Disequazioni frazionarie

190.

Esercizio svolto

Risolvi la disequazione frazionaria

$$\frac{2}{3}-\frac{1}{2x+5}>1$$

Determina innanzitutto le C.A.: $x \neq -\dfrac{5}{2}$.

Trasporta tutti i termini al primo membro e riduci al m.c.m. dei denominatori in modo da ridurre la disequazione nella forma $\dfrac{A(x)}{B(x)}>0$; ottieni:

$$\frac{2}{3}-\frac{1}{2x+5}-1>0 \Rightarrow \frac{2(2x+5)-3-3(2x+5)}{3(2x+5)}>0 \Rightarrow$$

$$\Rightarrow \frac{4x+10-3-6x-15}{3(2x+5)}>0 \Rightarrow \frac{-2x-8}{3(2x+5)}>0$$

Cambia il segno al numeratore, cioè moltiplica entrambi i membri per -1 e quindi cambia il verso della disuguaglianza; ottieni:

$$\frac{2x+8}{3(2x+5)}<0$$

Studia ora il segno della frazione algebrica e rappresentalo graficamente:

$$\frac{2x+8}{3(2x+5)}<0$$

Segno di N $\quad 2x+8>0 \Rightarrow x>-4$

Segno di D $\quad 2x+5>0 \Rightarrow x>-\dfrac{5}{2}$

Segno di $\dfrac{N}{D}$

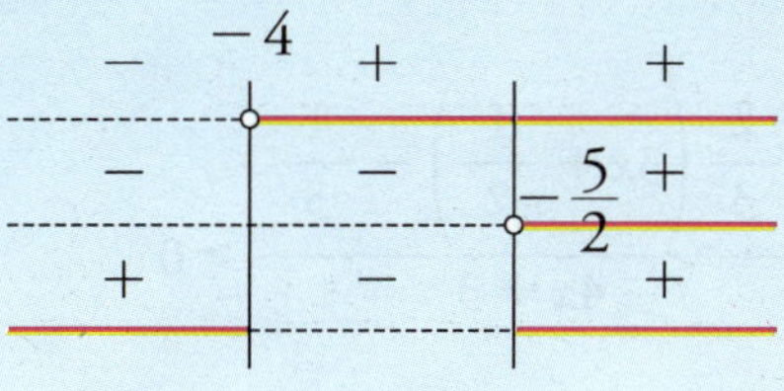

Osserva che la frazione è negativa per i valori di x compresi fra -4 e $-\dfrac{5}{2}$. La disequazione data è soddisfatta per $-4<x<-\dfrac{5}{2}$; l'insieme soluzione è $S=\left]-4;-\dfrac{5}{2}\right[$.

Risolvi le seguenti disequazioni frazionarie seguendo il procedimento dell'esercizio svolto.

191. * $\dfrac{4x-3}{2x+1} \leqslant 0$ $\quad \left[-\dfrac{1}{2}<x\leqslant\dfrac{3}{4}\right]$

192. * $\dfrac{2x+5}{x^2}>0$ $\quad \left[-\dfrac{5}{2}<x<0;\ x>0\right]$

193. * $\dfrac{2x+1}{4x-3}>0$ $\left[x<-\dfrac{1}{2};\, x>\dfrac{3}{4}\right]$

194. * $\dfrac{4x+5}{x^2}>0$ $\left[x>-\dfrac{5}{4}\right]$

195. * $\dfrac{3(x-4)}{x+1}-3<0$ $[x>-1]$

196. * $\dfrac{4(x+1)}{2x-1}+4\geqslant 0$ $\left[x\leqslant 0;\, x>\dfrac{1}{2}\right]$

197. * $\dfrac{(3x+1)(2x-3)}{2x+1}-3x<0$ $\left[x<-\dfrac{1}{2};\, x>-\dfrac{3}{10}\right]$

198. * $\dfrac{4(2x-3)}{3x+1}+2>0$ $\left[x<-\dfrac{1}{3};\, x>\dfrac{5}{7}\right]$

199. * $\dfrac{4x-5}{2(x+3)-7}>0$ $\left[x<\dfrac{1}{2};\, x>\dfrac{5}{4}\right]$

200. * $\dfrac{3(2x-4)}{5(x+1)-2(x-3)}<0$ $\left[-\dfrac{11}{3}<x<2\right]$

201. ** $\dfrac{\dfrac{1}{2}(x+1)-2}{\dfrac{2}{3}(3x+1)-4}\geqslant 0$ $\left[x<\dfrac{5}{3};\, x\geqslant 3\right]$

202. ** $\dfrac{\dfrac{2}{5}(x-5)+4}{\dfrac{1}{4}(2x+3)-x+1}\leqslant 0$ $\left[x\leqslant -5;\, x>\dfrac{7}{2}\right]$

203. ** $\dfrac{(5x-2)(4-3x)}{3x-9}+5x+2\geqslant 0$ $[-2\leqslant x<3]$

204. ** $\dfrac{\dfrac{2}{3}\left(3x+\dfrac{1}{2}\right)-\dfrac{1}{3}}{4x+3}\geqslant 0$ $\left[x<-\dfrac{3}{4};\, x\geqslant 0\right]$

205. ** $\dfrac{3(x+1)(x-2)-4(2x+3)}{2x}-\dfrac{3}{2}x<0$ $\left[x<-\dfrac{18}{11};\, x>0\right]$

206. ** $\dfrac{5(2x-1)(3x+4)-30x(x+2)}{x+5}+\dfrac{2}{3}\geqslant 0$ $\left[-5<x\leqslant -\dfrac{50}{103}\right]$

207. ** $\dfrac{3(x+2)(2x-3)-6x(x+1)}{x-2}-\dfrac{1}{2}<0$ $\left[x<-\dfrac{34}{7};\, x>2\right]$

208. *** $(3x+1)\left(2-\dfrac{3}{x}\right)-6x\geqslant 4+\dfrac{3}{2x}$ $\left[-\dfrac{9}{22}\leqslant x<0\right]$

209. *** $\frac{3}{4}\left(\frac{2}{x+1}-3\right)>\frac{1}{3}\left(\frac{3}{2x+2}+1\right)$ $\left[-1<x<-\frac{19}{31}\right]$

210. *** $\dfrac{\frac{1}{5}\left(2x+\frac{3}{4}\right)+\frac{3}{4}x}{3x-\frac{1}{5}}-\frac{1}{2}<0$ $\left[x<\frac{1}{15};\ x>\frac{5}{7}\right]$

211. *** $\dfrac{\frac{3}{4}(2x+1)-\frac{2}{3}(x-1)}{2(x-3)}-2\leq 0$ $\left[x<3;\ x\geq\frac{161}{38}\right]$

212. *** $\dfrac{\frac{2}{3}(2x-5)-\frac{1}{4}(x+3)}{\frac{2}{5}(3x+1)}>1$ $\left[-\frac{269}{7}<x<-\frac{1}{3}\right]$

213.

Esercizio svolto

Se devi risolvere una disequazione del tipo $(2x-2)(4x+5)>0$ puoi tener conto delle seguenti indicazioni.
Sai che il prodotto di due fattori è positivo se i due fattori sono concordi, cioè o entrambi positivi o entrambi negativi.
Devi perciò studiare il segno dei fattori:

1° fattore: $2x-2>0 \Rightarrow x>1$

2° fattore: $4x+5>0 \Rightarrow x>-\frac{5}{4}$

Rappresenta graficamente i segni dei due fattori e del prodotto; ottieni:

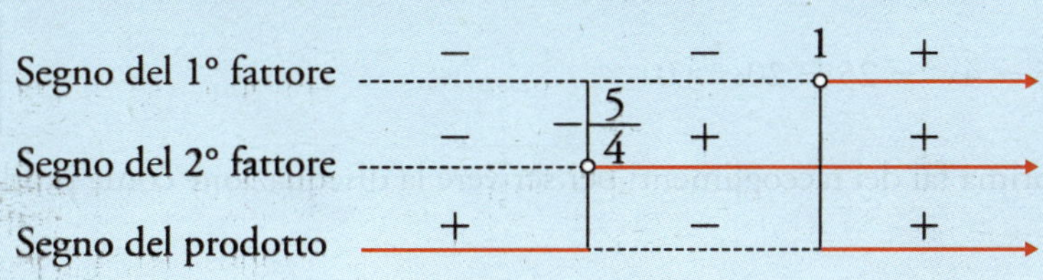

Il prodotto è positivo per $x<-\frac{5}{4}$; $x>1$.

In modo analogo puoi procedere se devi risolvere una disequazione del tipo $(4x-9)(x-3)<0$.
Anche in questo caso, ricordando che un prodotto di due fattori è negativo se i fattori sono discordi, cioè uno positivo e l'altro negativo, devi studiare il segno dei fattori:

1° fattore: $4x-9>0 \Rightarrow x>\frac{9}{4}$

2° fattore: $x-3>0 \Rightarrow x>3$

Rappresenta graficamente i segni dei due fattori e del prodotto; ottieni:

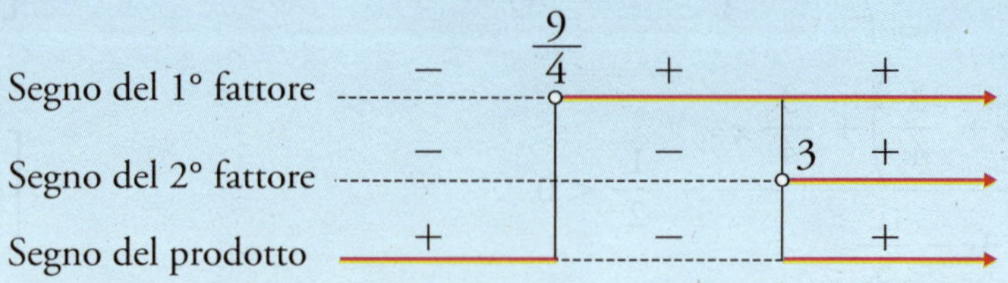

Il prodotto è negativo per $\frac{9}{4} < x < 3$.

Seguendo le indicazioni dell'esercizio svolto, risolvi le seguenti disequazioni.

214. ∗ $(x+4)(3x-4) > 0$ $\left[x < -4;\ x > \frac{4}{3}\right]$

215. ∗ $(2x-9)(3x+5) \leq 0$ $\left[-\frac{5}{3} \leq x \leq \frac{9}{2}\right]$

216. ∗ $\left(\frac{1}{2}x - 3\right)(2x+5) > 0$ $\left[x < -\frac{5}{2};\ x > 6\right]$

217. ∗ $\left(\frac{2}{3}x + \frac{4}{9}\right)\left(\frac{1}{3}x - \frac{3}{5}\right) < 0$ $\left[-\frac{2}{3} < x < \frac{9}{5}\right]$

218. ∗∗ $x^2 - 16 > 0$

(Scrivi la differenza di quadrati come ...). $[x < -4;\ x > 4]$

219. ∗∗∗ $6x + 15 - 4x^2 - 25 - 20x > 0$ $\left[-\frac{5}{2} < x < -1\right]$

(Attenzione: prima fai dei raccoglimenti per scrivere la disequazione come prodotto di due fattori.)

220. ∗∗∗ $25x^2 - 10x + 1 - 2(25x^2 - 1) < 0$ $\left[x < -\frac{3}{5};\ x > \frac{1}{5}\right]$

I problemi risolvibili mediante le disequazioni lineari

221. ***Esercizio svolto***

La somma di tre numeri naturali consecutivi non è maggiore di 15; quale può essere il massimo valore dei tre numeri?

Indicando con x il numero minore, gli altri due numeri saranno: $x + 1$ e $x + 2$.

Traduci il testo del problema in disequazione:

$x + (x + 1) + (x + 2) \leq 15$

Risolvi la disequazione; ottieni:

$x + x + 1 + x + 2 \leq 15$

$3x + 3 \leq 15 \Rightarrow 3x \leq 12 \Rightarrow x \leq 4$

La soluzione della disequazione è $x \leq 4$.
Quindi il numero minore deve essere non maggiore di 4, cioè il suo valore massimo è 4; gli altri due numeri saranno quindi 5 e 6.

Risolvi i seguenti problemi utilizzando le disequazioni (osserva l'esercizio svolto).

222. * La somma di due numeri naturali non è maggiore di 64 e uno dei due numeri è triplo dell'altro. Calcola il massimo valore che ciascuno dei due numeri può assumere. [16; 48]

223. * La somma di due numeri naturali non è maggiore di 108. Sapendo che uno dei due numeri è $\frac{1}{5}$ dell'altro, determina il massimo valore che i due numeri possono assumere. [18; 90]

224. * La somma di due numeri dispari consecutivi è maggiore di 70. Determina il valore minimo che può assumere ciascuno dei due numeri. [35; 37]

225. * La differenza tra due numeri naturali, di cui uno quintuplo dell'altro, non può essere minore di 84. Determina il valore minimo che i due numeri possono assumere. [21; 105]

226. * Calcola per quali valori di x la frazione $\frac{7x-3}{4x+5}$ non è maggiore di $\frac{3}{5}$. $\left[-\frac{5}{4} < x \leq \frac{30}{23}\right]$

227. ** Data la frazione $\frac{2x-6}{4x+5}$ determina quale valore numerico può assumere x affinché la frazione sia maggiore di $\frac{4}{9}$ (con $x \in \mathbb{N}$). $[x > 37]$

228. ** Data l'espressione $x + 3 - 2\,(3x - 7)$, calcola il valore di x in modo che l'espressione sia:
a) maggiore di -8; *b)* minore o uguale a 2. [*a)* $x < 5$; *b)* $x \geq 3$]

229. ** La somma di tre numeri pari consecutivi può essere al massimo 36; quale può essere il massimo valore dei tre numeri? [10; 12; 14]

230. ** La somma di tre numeri dispari consecutivi non supera 51; quale può essere il valore massimo dei tre numeri? [15; 17; 19]

231. *** Una ditta chiede a due società telefoniche il preventivo per un contratto. La prima società «Teletec» offre un costo fisso mensile di € 10 e € 0,02 per ogni minuto di telefonata, l'altra società «Phonetec» offre, invece, un costo fisso di € 55 senza calcolare i minuti di telefonate.
Dopo aver posto $x =$ numero minuti di telefonate, stabilisci mediante una disequazione quale dei due contratti è più conveniente. [Il primo se le telefonate non superano la durata di $37^h\,30^m$]

232.

Esercizio svolto

La base di un triangolo isoscele è i $\frac{6}{5}$ del lato. Quale deve essere la misura del lato affinché il perimetro sia minore di 80 cm?

Se indichi con x la misura del lato in centimetri, la base sarà $\frac{6}{5}x$.

Poni la condizione $x > 0$: infatti x rappresenta la misura di un segmento e quindi il suo valore deve essere un numero positivo.
Trasforma il testo in disequazione:

$$x + x + \frac{6}{5}x < 80$$

Risolvi la disequazione; ottieni:

$$5x + 5x + 6x < 400 \Rightarrow 16x < 400 \Rightarrow x < 25$$

La soluzione della disequazione è $x < 25$, quindi la misura del lato deve essere minore di 25 cm.

Seguendo il procedimento dell'esercizio svolto, risolvi i seguenti problemi di geometria (ricorda che la misura di un segmento può assumere solo valori positivi).

233. * Un rettangolo ha l'altezza di 15 cm e la base di $(31x + 5)$ cm. Determina per quale valore di x la sua area sarà maggiore di quella di un rombo con le diagonali di 60 cm e 80 cm. $[x > 5]$

234. * In un trapezio isoscele l'ampiezza di ciascuno degli angoli adiacenti alla base minore è x. Sapendo che un angolo adiacente alla base maggiore ha un'ampiezza maggiore di 45°, calcola, mediante una disequazione, quali valori può assumere x. $[x < 135°]$

235. ** Di un trapezio si sa che:

- la base minore è 8 cm;
- la base maggiore è 10 cm;
- l'altezza è $(3x + 2)$ cm.

Determina i valori che può assumere x affinché la sua area non superi quella di un quadrato con il lato di 15 cm. $\left[-\frac{2}{3} < x \leqslant \frac{23}{3}\right]$

236. ** Due cortili hanno entrambi forma quadrata. Il primo ha il lato di $(4x + 10)$ m, il secondo di $(5x - 24)$ m. Calcola per quali valori di x il secondo cortile ha un perimetro minore del primo. $\left[\frac{24}{5} < x < 34\right]$

237. ** Due piste per gokart hanno forme triangolari. La prima è un triangolo isoscele con la base di 50 m e ciascun lato obliquo di $(3x + 4)$ m. L'altra è un triangolo rettangolo con i cateti di 30 m e 40 m e l'ipotenusa di $(5x + 15)$ m. Calcola per quale valore di x la prima pista è più lunga della seconda. $[x > 27]$

238. ** Un rettangolo ha le dimensioni di $(3x - 4)$ cm e $(5x + 3)$ cm. Determina i valori che può assumere x in modo che la sua area sia minore di quella di un altro rettangolo con le dimensioni di $(5x - 7)$ cm e $(3x + 9)$ cm. $\left[x > \frac{51}{35}\right]$

239. ** Un rettangolo ha le dimensioni di $(2x - 3)$ cm e $(3x + 1)$ cm. Determina per quali valori di x l'area del rettangolo è maggiore di quella di un triangolo che ha la base di $(2x - 4)$ cm e l'altezza di $6x$ cm. [$x > 2$]

240. ** Un triangolo isoscele ha la base di 16 cm e l'altezza di 6 cm. Un altro triangolo isoscele ha la base di $4x$ cm e il lato obliquo di $(3x - 2)$ cm. Determina per quali valori di x il secondo triangolo ha il perimetro minore del primo. $\left[\frac{2}{3} < x < 4\right]$

241. *** In un quadrilatero, con le diagonali perpendicolari, queste misurano rispettivamente $(8x + 6)$ cm e $(4x - 8)$ cm.
Dopo aver determinato il valore di x per cui la prima diagonale è maggiore del triplo della seconda, calcola il valore massimo dell'area del quadrilatero. [$726\ \text{cm}^2$]

242. *** Del triangolo ABC della figura si sa che:

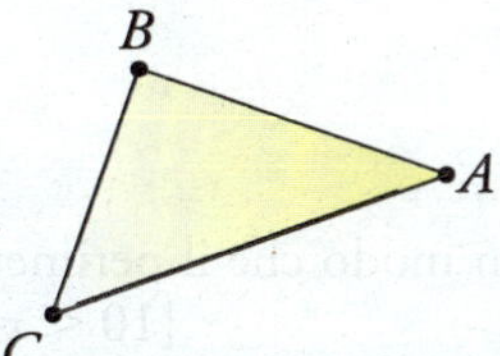

$\overline{AB} = (3x + 2)$ (cm);
$\overline{BC} = (4x - 1)$ (cm);
$\overline{AC} = (2x - 3)$ (cm).

Stabilisci per quali valori di x le tre misure indicate possono essere lati del triangolo. (Ricorda che in un triangolo ogni lato deve essere minore della somma degli altri due). [$x > 2$]

Risolvi i seguenti problemi mediante sistemi di disequazioni.

243. * Quali valori può assumere un numero naturale x affinché il suo triplo, diminuito di 4 non superi 8 e non sia minore di 3? [3; 4]

244. * Determina tra quali valori numerici si può trovare un numero x affinché addizionando 5 alla sua metà si ottenga un numero compreso tra -3 e 4. [$-16 < x < -2$]

245. * Quali valori puoi assegnare a un numero x in modo che addizionando 5 al doppio del suo precedente, si abbia un valore numerico compreso tra 0 e 1? $\left[-\frac{3}{2} < x < -1\right]$

246. ** Calcola i valori che può assumere x ($x \in \mathbb{N}$) in modo che il suo quadruplo diminuito di 6 sia compreso tra 1 e 4. [2]

247. ** Determina per quali valori di x ($x \in \mathbb{N}$) si ha che $0 < \frac{1}{2}x + 3 < 2$. [nessuna soluzione]

248. ** Quali valori numerici, in centimetri, può assumere il lato di un triangolo equilatero affinché il suo perimetro sia minore di 30 cm e maggiore del perimetro di un triangolo isoscele con la base di 6 cm e il lato di 5 cm? $\left[\frac{16}{3} < x < 10\right]$

249. *** Quale può essere l'intervallo di valori, in centimetri, in cui varia l'altezza x di un rettangolo di base 15 cm se il suo perimetro deve essere maggiore di 50 cm e minore del perimetro di un altro rettangolo avente la base di 24 cm e l'area di $480\ \text{cm}^2$? [$10 < x < 29$]

250. *** Quali misure, in centimetri, può avere la base di un rettangolo avente l'altezza di 20 cm, perché la sua area sia compresa fra quella di un quadrato con il perimetro di 60 cm e quella di un altro rettangolo con le dimensioni una tripla dell'altra e il perimetro di 200 cm? [$11{,}25 < x < 93{,}75$]

251. *** Del trapezio rettangolo $ABCD$ della figura si sa che:

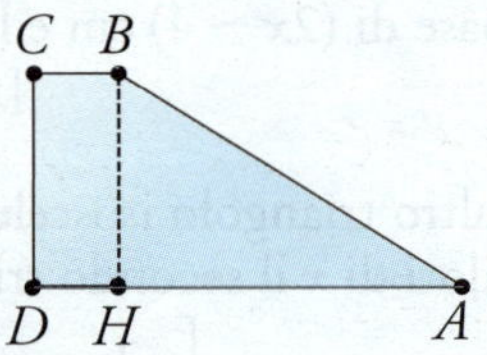

$\overline{AD} = 4\overline{BC}$;
$\overline{CD} = 8$ (cm).

Determina i valori, in centimetri, che può assumere la base minore in modo che l'area del trapezio sia maggiore di 120 cm^2 e minore di 1 000 cm^2. [$6 < x < 50$]

252. *** Del trapezio isoscele $ABCD$ della figura si sa che:

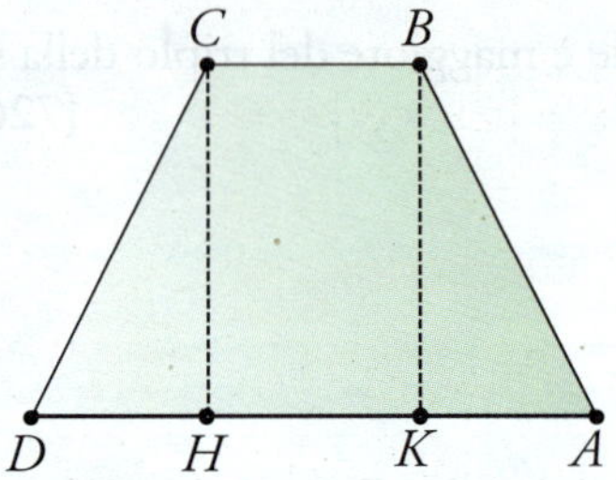

$\overline{AD} = 5\overline{BC}$;
$\widehat{A} = \widehat{D} = 60°$.

Determina i valori, in centimetri, che può assumere la base minore in modo che il perimetro del trapezio sia minore di 686 cm e maggiore di 140 cm. [$10 < x < 49$]

Equazioni e disequazioni con i valori assoluti

253.

Esercizio svolto

Risolvi l'equazione $|x-1| + 2 = 2x - 3$

Poiché $|x-1| = \begin{cases} x-1 & \text{se } x-1 \geqslant 0, \text{ cioè se } x \geqslant 1 \\ 1-x & \text{se } x-1 < 0, \text{ cioè se } x < 1 \end{cases}$

ottieni i due sistemi:

$\begin{cases} x \geqslant 1 \\ x - 1 + 2 = 2x - 3 \end{cases}$ $\qquad$ $\begin{cases} x < 1 \\ 1 - x + 2 = 2x - 3 \end{cases}$

Risolvi i due sistemi; ottieni:

$\begin{cases} x \geqslant 1 \\ x - 2x = 1 - 2 - 3 \end{cases}$ $\qquad$ $\begin{cases} x < 1 \\ -x - 2x = -1 - 2 - 3 \end{cases}$

$\begin{cases} x \geqslant 1 \\ -x = -4 \end{cases}$ $\qquad$ $\begin{cases} x < 1 \\ -3x = -6 \end{cases}$

$\begin{cases} x \geqslant 1 \\ x = 4 \end{cases}$ $\qquad$ $\begin{cases} x < 1 \\ x = 2 \end{cases}$

Nel primo sistema la soluzione $x = 4$ è accettabile poiché è maggiore di 1.

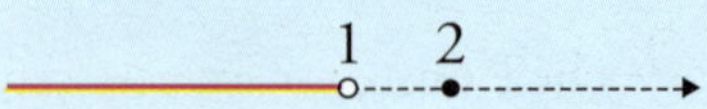

Nel secondo sistema la soluzione $x = 2$ non è accettabile poiché è maggiore di 1.

Quindi la soluzione dell'equazione data è $x = 4$, cioè $S = \{4\}$.

Seguendo il procedimento dell'esercizio svolto, risolvi le seguenti equazioni in cui compaiono i valori assoluti.

254. * $|3+4x| = 2-x$ $\left[-\frac{1}{5} \text{ e } -\frac{5}{3}\right]$

255. * $4+|2+5x| = 3x$ [impossibile]

256. * $8-|3x+1| = 4x$ [1]

257. * $|2x+1|+2x = 1$ [0]

258. * $|4+5x| = 3-2x$ $\left[-\frac{1}{7} \text{ e } -\frac{7}{3}\right]$

259. * $\frac{|3x+2|}{2x} = 5$ $\left[\frac{2}{7}\right]$

260. * $3+2x-|x+3| = 4$ [4]

261. * $3x+2-|2x-1| = 8$ [5]

262. * $2x-3+|x+4| = 5$ $\left[\frac{4}{3}\right]$

263. * $5+4x-|2x+3| = 6$ [2]

264.

Esercizio svolto

Risolvi la seguente equazione: $|3x+2|+|2x-1| = 3$.

Se devi risolvere un'equazione in cui compaiono due o più valori assoluti puoi seguire queste indicazioni; poni:

$3x+2 \geqslant 0$ e $2x-1 \geqslant 0$; ottieni: $x \geqslant -\frac{2}{3}$ e $x \geqslant \frac{1}{2}$.

Rappresenta graficamente questi due risultati e analizza lo schema ottenuto:

Segno di $3x+2$.

Segno di $2x-1$.

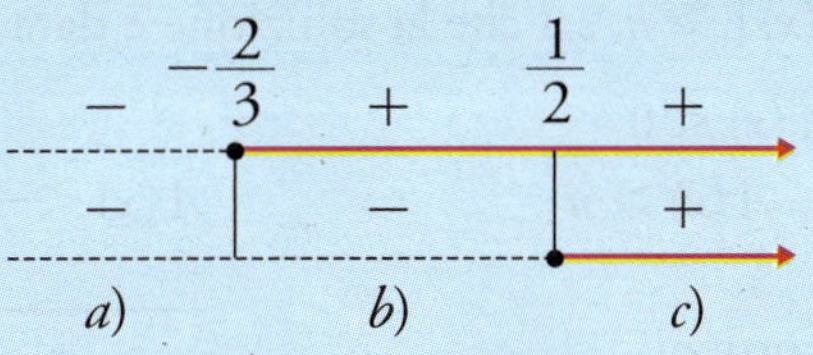

Si evidenziano tre intervalli:

per $x < -\frac{2}{3}$ (a) si ha: $a)\ \begin{cases} x < -\frac{2}{3} \\ -3x-2-2x+1 = 3 \end{cases}$

per $-\frac{2}{3} \leqslant x \leqslant \frac{1}{2}$ (b) si ottiene: $b)\ \begin{cases} -\frac{2}{3} \leqslant x \leqslant \frac{1}{2} \\ 3x+2-2x+1 = 3 \end{cases}$

infine per $x > \frac{1}{2}$ si ha: $c)\ \begin{cases} x > \frac{1}{2} \\ 3x+2+2x-1 = 3 \end{cases}$

Risolvendo il sistema indicato con:

a) ottieni $x = -\frac{4}{5}$ che è una soluzione accettabile;

b) si ha $x = 0$ che è accettabile;

c) si ha $x = \frac{2}{5}$ che non è accettabile poiché la soluzione non appartiene all'intervallo $x > \frac{1}{2}$.

Seguendo le indicazioni dell'esercizio svolto, risolvi le seguenti equazioni.

265. ** $|2x-3|+|2x-5|=6$ $\left[\frac{7}{2}; \frac{1}{2}\right]$

266. ** $|3+5x|=6+|2x-7|$ $\left[-\frac{16}{3}; \frac{10}{7}\right]$

267. ** $|2x-1|-|3x+5|=2x$ [impossibile]

268. ** $4+|3x-5|+|2x+4|-|x|=2$ [impossibile]

269. ** $5x+2+|3x|-|4x-6|=0$ $\left[\frac{1}{3}\right]$

270. ** $\left|\frac{2x+3}{4x}\right|-4=0$ $\left[-\frac{1}{6}; \frac{3}{14}\right]$

271. * **Considera l'equazione $(3+4a)x-2=a(2-x)$: determina per quali valori di a questa equazione ha una soluzione il cui valore assoluto è 3.** $\left[-\frac{11}{17}; -\frac{7}{13}\right]$

272.

Esercizio svolto

Considera una disequazione del tipo $|A(x)|>n$ o $|A(x)|<n$ con n numero reale positivo.
Nel primo caso, $|A(x)|>n$, sai che la soluzione è data dai due sistemi

$$\begin{cases} A(x) \geqslant 0 \\ A(x) > n \end{cases} \qquad \begin{cases} A(x) < 0 \\ -A(x) > n \end{cases} \Rightarrow \quad A(x) < -n$$

con il primo sistema ottieni:

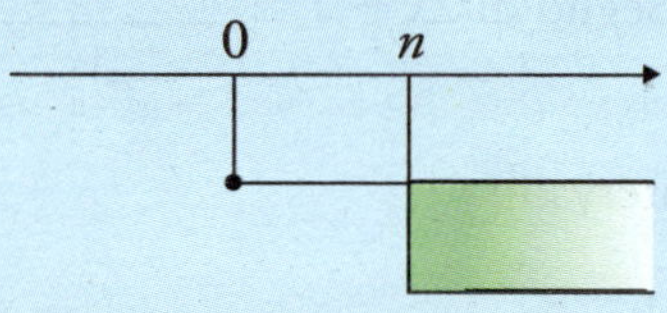

perciò la soluzione è data da $A(x)>n$.

Con il secondo sistema ottieni:

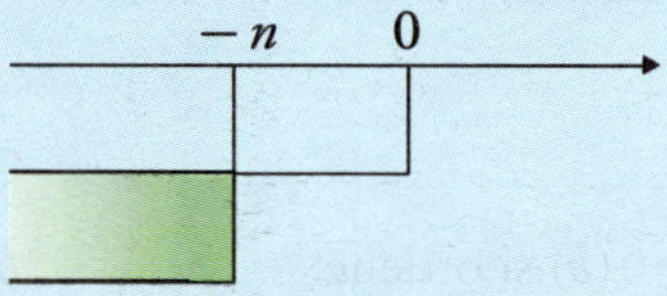

perciò la soluzione è data da $A(x)<-n$.

Considerando la disequazione $|A(x)|<n$ sai che la soluzione è data dai due sistemi

$$\begin{cases} A(x) \geqslant 0 \\ A(x) < n \end{cases} \qquad \begin{cases} A(x) < 0 \\ -A(x) < n \end{cases} \Rightarrow \quad A(x) > -n$$

perciò rappresentando graficamente le soluzioni ottieni:

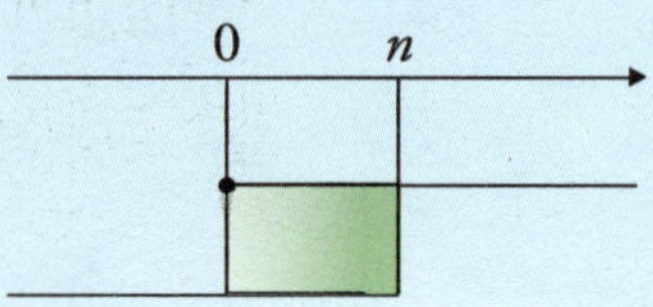

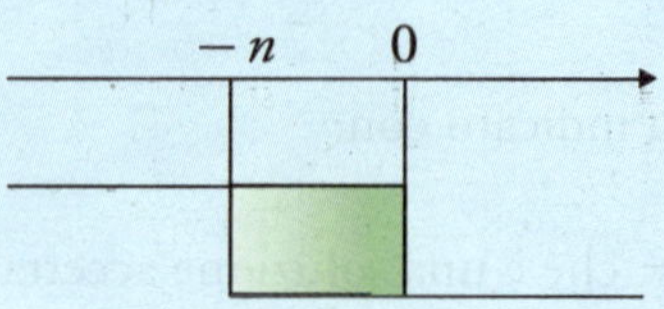

da cui si ha $\quad -n<A(x)<n$.

Riassumendo in uno schema si ha:
- $|A(x)|>n$ è equivalente alle disequazioni $A(x)<-n$ e $A(x)>n$
- $|A(x)|<n$ si può scrivere $-n<A(x)<n$.

Seguendo le indicazioni dell'esercizio svolto risolvi le seguenti disequazioni che si presentano nella forma $|A(x)| \gtrless n$.

273. * $|9x-3|>6$ $\left[x<-\frac{1}{3};\ x>1\right]$

274. * $|4x+2|<8$ $\left[-\frac{5}{2}<x<\frac{3}{2}\right]$

275. * $\left|\frac{1}{3}x-5\right|<7$ $[-6<x<36]$

276. * $\left|\frac{2}{5}x+\frac{4}{3}\right|>\frac{1}{5}$ $\left[x<-\frac{23}{6};\ x>-\frac{17}{6}\right]$

277. * $\left|\frac{3}{8}x-2\right|>\frac{1}{4}$ $\left[x<\frac{14}{3};\ x>6\right]$

278. * $\left|\frac{4}{3}x-\frac{1}{2}\right|>\frac{2}{3}$ $\left[x<-\frac{1}{8};\ x>\frac{7}{8}\right]$

279. * $\left|\frac{1}{12}x+\frac{3}{4}\right|<\frac{1}{3}$ $[-13<x<-5]$

280. * $\left|\frac{3}{2}x+1\right|>\frac{1}{2}$ $\left[x<-1;\ x>-\frac{1}{3}\right]$

281. * $\left|\frac{3}{4}x-\frac{1}{3}\right|<2$ $\left[-\frac{20}{9}<x<\frac{28}{9}\right]$

282. * $\left|\frac{2}{5}x+2\right|>\frac{1}{3}$ $\left[x<-\frac{35}{6};\ x>-\frac{25}{6}\right]$

Risolvi le seguenti disequazioni in cui compaiono i valori assoluti.

283. * $|x-5|-3>7$ $[x<-5;\ x>15]$

284. * $|4x+8|+5>9$ $[x<-3;\ x>-1]$

285. * $|6x-6|-7<5$ $[-1<x<3]$

286. * $|3x+5|-2x+6<0$ [impossibile]

287. * $|4x-7|+4-3x>0$ $\left[x<\frac{11}{7};\ x>3\right]$

288. * $8-|2x+9|+3x<0$ $[x<1]$

289. * $9-|5x-3|+2x<0$ $\left[x<-\frac{6}{7};\ x>4\right]$

290. ** $|4x-6|+|x-2|-4x+2>0$ $\left[x<\frac{10}{9};\ x>6\right]$

291. ** $|3x+2|-|2x-5|-3x-1<0$ $[-2<x<2;\ x>3]$

292. *** $|3x+6|+|x-1|-2|x-4|-2x>3$ $\left[x<-4;\ \frac{3}{2}<x<4;\ x>4\right]$

293. *** $|3x+1|-2|x+3|-|2x+4|-3>0$ $[-6<x<-2]$

PERCORSO DI RECUPERO

Prima di affrontare il Percorso di Recupero, rileggi attentamente la SINTESI che trovi alle pag. 637 e 638, in cui sono illustrati i concetti fondamentali di questa Unità con i relativi esempi.

1. Vero o Falso? Quando rispondi Falso, motiva la tua risposta.

V F

a) La disequazione $\frac{2}{3}x - 5 < \frac{4}{5}x + 7$ è una disequazione intera. ☐ ☐

b) Moltiplicando entrambi i membri di una disequazione per -2 si ottiene una disequazione equivalente. ☐ ☐

c) Data la disequazione $2x - 3 \geqslant 0$ il suo insieme soluzione è $\left[\frac{3}{2}; +\infty\right[$. ☐ ☐

d) Se la disequazione non ha soluzione è detta impossibile e si scrive $S = \varnothing$. ☐ ☐

e) La rappresentazione grafica dell'insieme soluzione $S = [-\infty; 3[\cup]5; 8]$

è 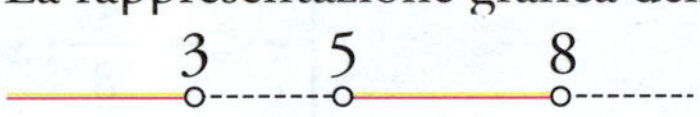

☐ ☐

2. Collega ogni intervallo con la corrispondente rappresentazione grafica.

a) [4; 9] 1) 

b)]−∞; 4[∪]9; +∞[2) 

c)]4; 9[3) 

d)]−∞; 4]∪[9; +∞[4) 

RICORDA

L'**intervallo** viene rappresentato graficamente con un segmento, una semiretta o una retta. Viene indicato da una coppia di numeri, detti estremi dell'intervallo, separati da un punto e virgola, racchiusi tra parentesi quadre chiuse o aperte, a seconda che gli estremi siano o non siano compresi nell'intervallo.

3. Completa il seguente schema di classificazione delle disequazioni.

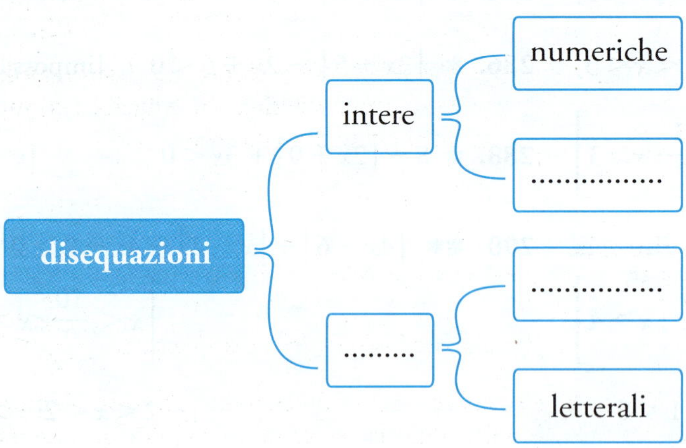

RICORDA

Nella disequazione **intera** l'incognita compare solo al numeratore delle frazioni presenti nella disequazione, nella disequazione **frazionaria** l'incognita compare in almeno un denominatore. Nelle disequazioni **numeriche** non compaiono altre lettere oltre l'incognita, nelle **letterali** compaiono altre lettere oltre l'incognita.

4. Individua, fra le seguenti disequazioni, le coppie di disequazioni equivalenti.

a) $4x + 5 < 3$; *b*) $9x + 2 < 3x + 4$;
c) $7(x + 3) > 0$; *d*) $-3x > -1$;
e) $8x + 19 < 15$; *f*) $4(2x + 7) > 1 - x$.

RICORDA

Due disequazioni sono **equivalenti** se hanno lo stesso insieme soluzione.

5. Completa lo svolgimento della seguente disequazione intera e indica i principi di equivalenza applicati.

$-2(x+4)+3x+5(3-2x)>6x-1$

$-2x-$ .... $+3x+15$ .... $>6x-1$

.... $-6x+7+$ .... >0 .... principio ....

$-15x+$ .... >0

$15x$ .... 0 .... principio ....

x .... principio ....

RICORDA

Se si moltiplicano o si dividono i due membri di una disequazione per uno stesso numero negativo e si inverte il verso della disuguaglianza si ottiene una disequazione equivalente a quella data.

6. Risolvi le seguenti disequazioni lineari numeriche intere e rappresenta graficamente le soluzioni.
(⟵) Vedi esercizi svolti n. 53 e n. 54 pag. 644.

a) $2(3x+4)-3(2x-1)<4x+2$; *b)* $4(2x-1)+2x-6(x+4)\leqslant 3(x+1)$;

c) $2x(x-3)-x(2+x)+4(x-3)>x(x+1)$;

d) $\frac{3}{4}\left(2x+\frac{1}{2}\right)-\frac{2}{3}\left(\frac{1}{4}x+\frac{2}{3}\right)\leqslant\frac{2}{27}(2x+4)$;

e) $(x+3)^2-(x+3)(x-3)-2x\geqslant 5x-3$.

7. Risolvi la seguente disequazione letterale e completa la tabella proposta per la discussione.
(⟵) Vedi esercizio svolto n. 116 pag. 648.

$$\frac{2}{3}(x-3a)-\frac{1}{4}(2x+4a)-\frac{1}{2}\geqslant 2(x+a)+\frac{1}{4}ax.$$

Segno del coefficiente della x		Soluzione disequazione
$22+3a>0$	$a>$	
....	a	
$22+3a=0$	$a=$	

RICORDA

Dopo aver ridotto la disequazione a forma normale devi procedere alla **discussione** della disequazione distinguendo i casi in cui il coefficiente dell'incognita è positivo, negativo o nullo.

8. Risolvi il seguente sistema di disequazioni lineari.
(⟵) Vedi esercizi svolti n. 141 e n. 142 pag. 651.

$$\begin{cases} 8(x-1)-9(3x+2)\geqslant 6(x+1) \\ 4(3x+1)(x-1)-6(2x^2-3x)<0 \end{cases}$$

RICORDA

Risolvere un sistema di disequazioni vuol dire individuare le soluzioni comuni alle due disequazioni.

9. Risolvi la seguente disequazione frazionaria.
(⟵) Vedi esercizio svolto n. 190 pag. 655.

$$3-\frac{4x}{3x-1}<-\frac{1}{3}+\frac{5}{6x-2}+\frac{1}{2}.$$

RICORDA

Per stabilire il segno della disequazione $\frac{A(x)}{B(x)}<0$ studia i segni del numeratore e del denominatore e poi applica la regola dei segni; la disequazione sarà verificata negli intervalli in cui numeratore e denominatore sono discordi.

10. Risolvi il seguente problema mediante una disequazione.

Determina il più piccolo numero naturale tale che la sua quinta parte, diminuita di 3, sia maggiore di 6.

AUTOCORREZIONE

1. *a*) V; *b*) F (è di verso contrario); *c*) V; *d*) V; *e*) F.

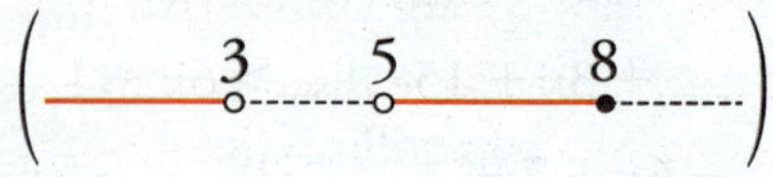

2. $a \rightarrow 2$; $b \rightarrow 1$; $c \rightarrow 4$; $d \rightarrow 3$.

3.

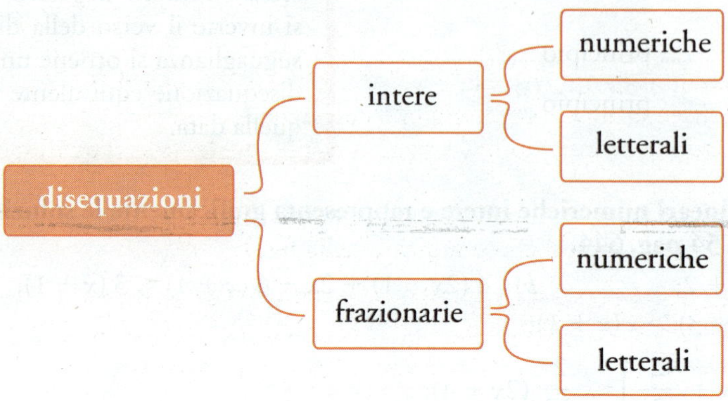

4. *a*; *e*; *c*; *f*; *b*; *d*.

5. $-2x-8+3x+15-10x>6x-1$

$-9x-6x+7+1>0$ 1° principio di equivalenza

$-15x+8>0$

$15x-8<0$ 2° principio di equivalenza

$x<\dfrac{8}{15}$.

6. *a*) $x>\dfrac{9}{4}$;

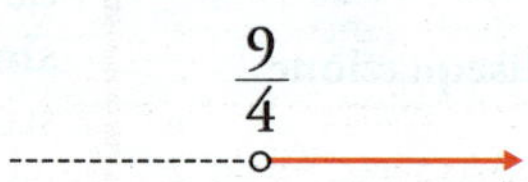

b) $x \leqslant 31$;

c) $x<-\dfrac{12}{5}$;

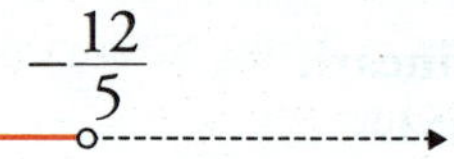

d) $x \leqslant \dfrac{79}{256}$;

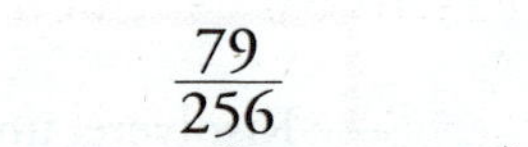

e) $x \leqslant 21$.

7. Disequazione ridotta a forma normale:

$x(22+3a) \leqslant -6(10a+1)$

Segno del coefficiente delle x	Soluzione disequazione
$22+3a>0$ $\quad a>-\dfrac{22}{3}$	$x \leqslant \dfrac{-6\ (10a+1)}{22+3a}$
$22+3a<0$ $\quad a<-\dfrac{22}{3}$	$x \geqslant \dfrac{-6\,(10a+1)}{22+3a}$
$22+3a=0$ $\quad a=-\dfrac{22}{3}$	impossibile

8. $x \leqslant -\dfrac{32}{25}$.

9. $\dfrac{1}{3}<x<\dfrac{2}{3}$.

10. $x>45$, perciò il più piccolo numero naturale è 46.

SCHEDE DI INFORMATICA

Disequazioni di primo grado con Derive 6

Derive ci consente di risolvere disequazioni e sistemi di disequazioni di primo grado; per la loro risoluzione si applica la stessa procedura illustrata per risolvere le equazioni di primo grado, utilizzando, dal menu **Risolvi**, il comando **Espressione**. È possibile, inoltre, rappresentare graficamente le soluzioni trovate.

Esercizio svolto

1. Risolviamo la seguente disequazione lineare numerica intera $3(x-1)+2x-2>x+3$.
Inseriamo nella linea di Editing la disequazione e confermiamo con Invio.
Per ridurre, se lo vogliamo, la disequazione a forma normale, possiamo applicare le stesse procedure viste nelle equazioni di primo grado.
Dal menu **Risolvi**, attiviamo il comando **Espressione**: si apre la finestra di dialogo nella quale selezioniamo la variabile, il metodo e il dominio così come indicato nella fig. 1.

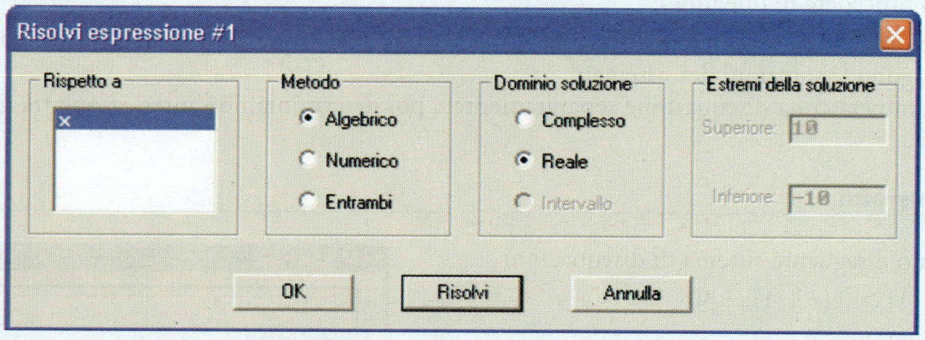

figura 1

Cliccando su **Risolvi**, nella finestra Algebra, vengono evidenziate subito le soluzioni.
Se vogliamo evidenziare i passaggi intermedi, conviene scrivere la disequazione nella forma $f(x)>0$: applichiamo il primo principio di equivalenza, sottraendo a entrambi i membri l'espressione $(x+3)$. Evidenziamo la disequazione; col tasto F4 la disequazione viene inserita, racchiusa tra parentesi tonde, nella linea di Editing; scriviamo di seguito $-(x+3)$, clicchiamo **Invio**, e mediante il comando [=] si ottiene la disequazione in forma normale, cioè $4x-8>0$. Con la stessa procedura, dividiamo entrambi i membri per 4, (F4, /4), otteniamo $x-2>0$.
Dal menu **Risolvi**, **Espressione** otteniamo le soluzioni: $x>2$.
Per rappresentare graficamente le soluzioni della disequazione, si evidenzia l'espressione $x>2$ e si clicca sul menu **Finestra Grafica**, rappresentata dall'icona, e nella successiva finestra si clicca di nuovo sull'icona che consente di rappresentare graficamente l'insieme delle soluzioni della disequazione, rappresentato dal semipiano colorato. Quanto detto è illustrato nella schermata di fig. 2.

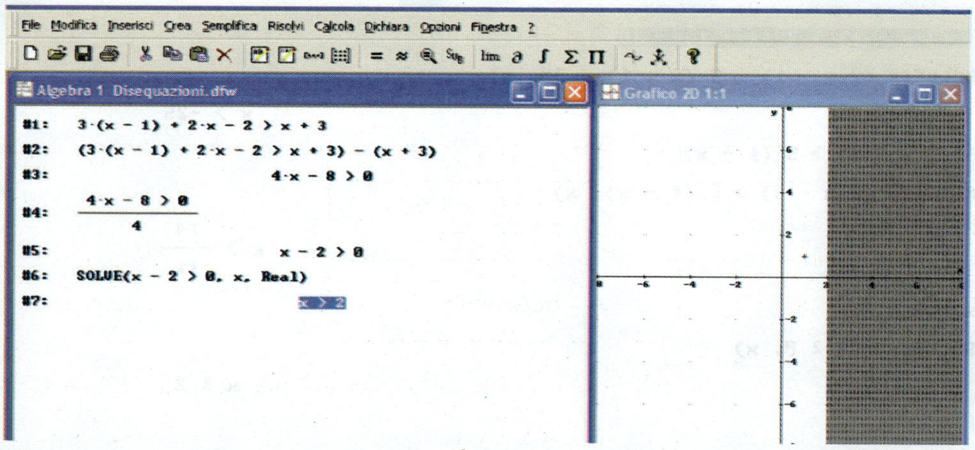

figura 2

Se una disequazione non ammette soluzioni, Derive lo comunica con la scritta **false**; se invece la disequazione è verificata per qualsiasi valore Derive scrive **true**.

Esercizio svolto

2. Risolviamo la disequazione frazionaria $\dfrac{x-2}{3x+5} > 0$.

Inseriamo la disequazione frazionaria nella finestra Algebra; per determinare le soluzioni attiviamo il comando **Risolvi**, **Espressione** e poi ancora **Risolvi**, e nella finestra Algebra verranno visualizzate le soluzioni:

$x < -\dfrac{5}{3}; \qquad x > 2.$

Vediamo ora, come si risolve un sistema di due o più disequazioni.
Possiamo procedere in due modi:

- dal menu **Risolvi**, cliccando su **Sistema** si inseriscono le disequazioni e cliccando ancora su **Risolvi** si ottengono le soluzioni del sistema;
- risolviamo ciascuna disequazione separatamente e poi determiniamo l'intersezione tra gli insiemi soluzione.

Esercizio svolto

Risolviamo il seguente sistema di disequazioni

$$\begin{cases} 2(2x-1) > 3(x+1) - 30 \\ 3(2x-3) > 5(1-x) \\ x - 2 \geqslant 0 \end{cases}$$

Risolviamo il sistema seguendo la prima procedura.
Inseriamo le tre disequazioni come in fig. 3 e clicchiamo su **Risolvi**,

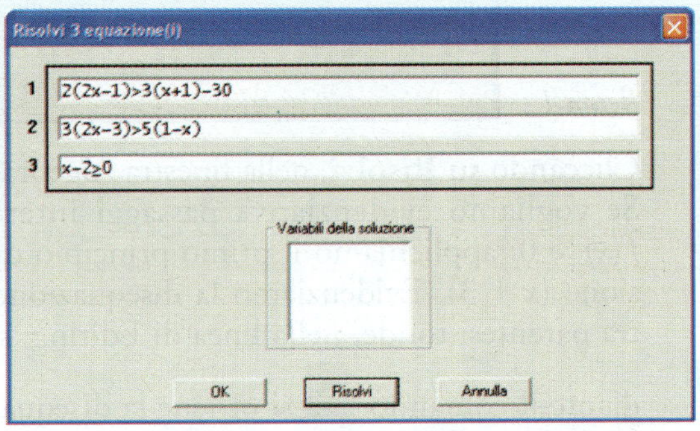

figura 3

nella finestra Algebra saranno scritte le soluzioni del sistema, cioè $x \geqslant 2$.
Con la seconda procedura inseriamo nella linea di Editing ciascuna disequazione e determiniamo il relativo insieme soluzione con il comando **Risolvi**, **Espressione**; otteniamo in tal modo la schermata rappresentata in fig. 4:

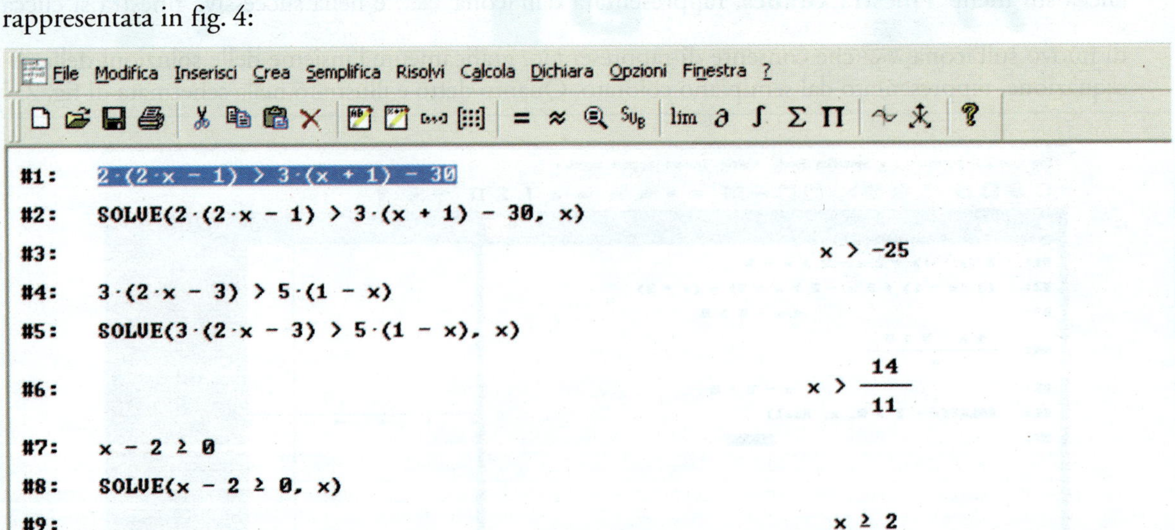

figura 4

Determiniamo l'intersezione dei tre insiemi soluzione mediante l'operatore di congiunzione logica $\wedge$, inserendo nella linea di Editing l'espressione **#3 #6 #9**.
Tramite i comandi: **Risolvi**, **Espressione** e ancora **Risolvi** otteniamo la soluzione del sistema.

☒ **Prova ora ad esercitarti con gli esercizi svolti in classe o quelli assegnati per casa, correggendo eventualmente gli errori commessi.**

☒ **Completa il tuo lavoro eseguendo i seguenti esercizi.**

1. Risolvi le seguenti disequazioni lineari numeriche intere.

a) $x+2-(x-1)^2>-3(x+1)-x^2$; *b)* $\dfrac{-x-3}{5}<x-2$;

c) $\dfrac{x-2}{3}-x>\dfrac{x+3}{2}$; *d)* $5(x-1)-\dfrac{7}{2}>3(1-2x)-\dfrac{5}{2}$.

2. Risolvi le seguenti disequazioni lineari numeriche frazionarie.

a) $\dfrac{3x-5}{x-2}\geqslant 0$; *b)* $\dfrac{5(x-1)+2}{3x+6}\leqslant 0$;

c) $\dfrac{x-2}{x}\leqslant\dfrac{x-3}{2x}$; *d)* $\dfrac{3x^2-5x}{x}<3x+2$.

3. Risolvi i seguenti sistemi di disequazioni lineari.

a) $\begin{cases} x-3<0 \\ x+\dfrac{1}{2}>0 \end{cases}$

b) $\begin{cases} 2(x-2)-(1-x)\geqslant 0 \\ 5(x+1)-7(2x-3)<2 \end{cases}$

c) $\begin{cases} 3x-2\leqslant 0 \\ \dfrac{1-x}{2}>\dfrac{x}{6} \\ x+1<\dfrac{3x-2}{5} \end{cases}$

d) $\begin{cases} 4(x-1)-3(x+2)\leqslant 2 \\ 5x-1\geqslant 0 \\ \dfrac{3-x}{2}+2\leqslant\dfrac{5x-3}{5} \end{cases}$

SOLUZIONI (UNITÀ 12)

SCHEDA DI LAVORO 1

1. *a*) $3<20$; *b*) $-\frac{1}{10}>-\frac{1}{4}$; *c*) $0>-1$; *d*) $x\geqslant 3$; *e*) $y\leqslant 6$; *f*) $2<x<5$; *g*) $3<x\leqslant 7$; *h*) $2\leqslant y\leqslant 10$.

2. *a*) V; *b*) F; *c*) F; *d*) V; *e*) V.

3. *a*) $]-5; +\infty[$; *b*) $\left]-\infty; \frac{1}{2}\right]$; *c*) $]-3; 2[$; *d*) $\left[\frac{5}{4}; +\infty\right[$; *e*) $]-\infty; 0]$; *f*) $\left[\frac{3}{5}; \frac{7}{2}\right[$.

4. *a*) impossibile; *b*) per qualsiasi numero razionale ($\forall x \in \mathbb{Q}$).

5.

Disequazione	Principio di equivalenza applicato	Disequazione equivalente	Soluzione
$3x+2<11$	1° principio: addizionare -2	$3x<9$	$x<3$
$4x<2$	2° principio: dividere per 2	$2x<1$	$x<\frac{1}{2}$
$3+5x>7$	1° principio: addizionare -3	$5x>4$	$x>\frac{4}{5}$
$6x+18>36$	2° principio: dividere per 6	$x+3>6$	$x>3$

6. *a*) $x>4$

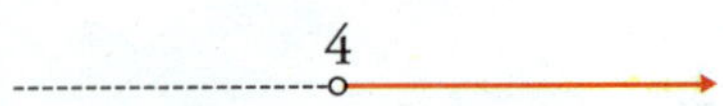

b) $x\leqslant \frac{21}{5}$

c) $x\leqslant 1$

d) $x<-2$

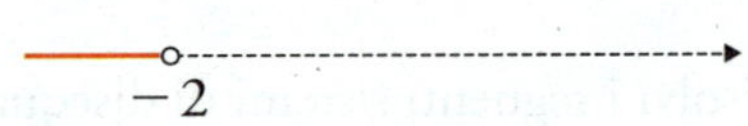

7. *a*) per $k>-4 \Rightarrow x>\frac{k+2}{k+4}$; per $k<-4 \Rightarrow x<\frac{k+2}{k+4}$; per $k=-4$ vera $\forall x \in \mathbb{Q}$.

b) per $b>1 \Rightarrow x>\frac{b(b+1)}{b-1}$; per $b<1 \Rightarrow x<\frac{b(b+1)}{b-1}$; per $b=1 \Rightarrow$ impossibile.

SCHEDA DI LAVORO 2

1. *a*)

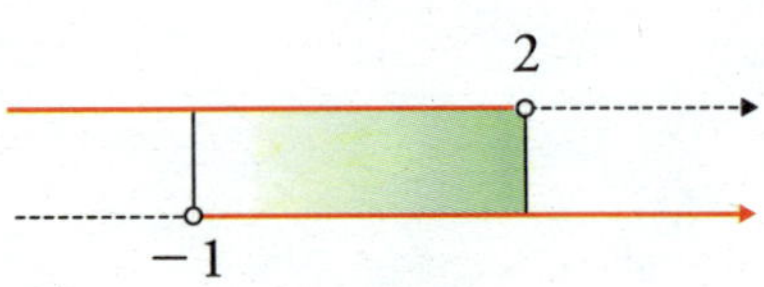

$-1<x<2$

b)

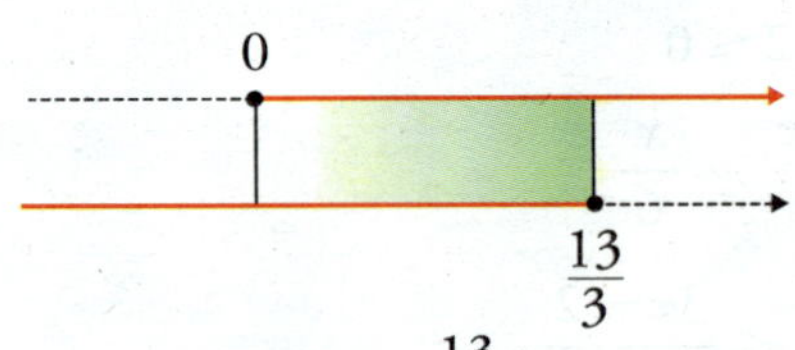

$0\leqslant x\leqslant \frac{13}{3}$

c)

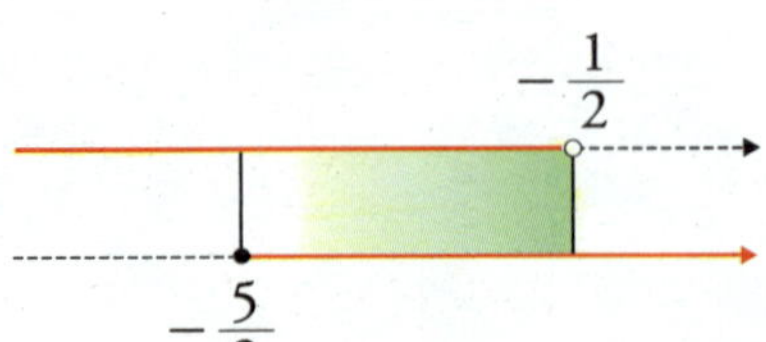

$-\frac{5}{2}\leqslant x<-\frac{1}{2}$

d)

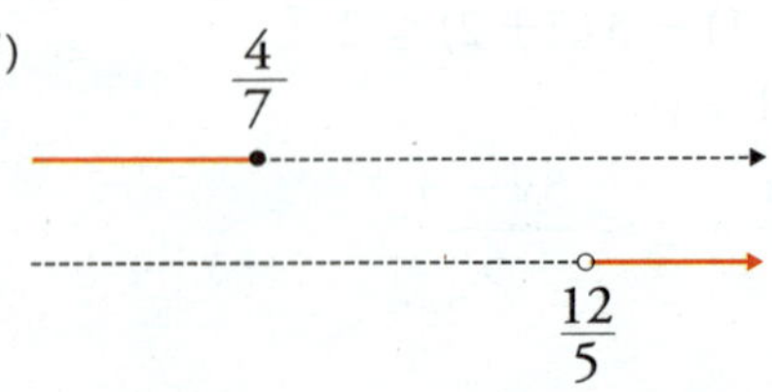

non ci sono soluzioni comuni

2. *d*) $\left[-2; \frac{1}{3}\right[$.

3. *a*) $-8\leqslant x<5$; *b*) $-4<x\leqslant 2$.

4. *c*) $\frac{x-1}{x+4}\leqslant 0$.

5. $a \rightarrow$ II $x\leqslant -9$; $b \rightarrow$ I $x<0$.

6. *a*) V; *b*) F; *c*) V; *d*) V.

7. *b*) $S=\left[\frac{1}{2}; +\infty\right[$.